KB187862

수학 소녀의 비밀노트

수학 천재 이진법

수학 소녀의 비밀노트

수학 천재 이진법

2024년 3월 15일 1판 1쇄 발행

지은이 | 유키 히로시
옮긴이 | 장재희
펴낸이 | 양승윤

펴낸곳 | (주)와이엘씨
서울특별시 강남구 강남대로 354 혜천빌딩 15층
(전화) 555-3200 (팩스) 552-0436

출판등록 | 1987. 12. 8. 제1987-000005호
http://www.ylc21.co.kr

값 17,500원

ISBN 978-89-8401-250-9 04410
ISBN 978-89-8401-240-0 (세트)

- **영림카디널**은 (주)와이엘씨의 출판 브랜드입니다.
- 소중한 기획 및 원고를 이메일 주소(editor@ylc21.co.kr)로 보내주시면, 출간 검토 후 정성을 다해 만들겠습니다.

수학 천재 이진법

유키 히로시 지음
장재희 옮김
전국수학교사모임 감수

영림카디널

감수의 글

고등학교 시절 나는 수학을 어떻게 배웠는지 지난날을 돌아봅니다. 개념을 완전히 이해하고 문제를 해결했는지 아니면 좋은 점수를 받기 위해 문제 풀이 방법만 쫓아다녔는지 말입니다. 지금은 입장이 바뀌어 학생들을 가르치는 선생님이 되었습니다. 수학을 어떻게 가르쳐야 할까? 제대로 개념을 이해시킬 수 있을까? 수학 공부를 어려워하는 학생들에게 이 내용을 이해시키려면 어떻게 해야 할까? 늘 고민합니다.

'수학을 어떻게, 왜 가르쳐야 하는 것일까?'라고 매일 스스로에게 반복해서 질문하며 그에 대한 답을 찾아다닙니다. 그러나 명확한 답을 찾지 못하고 다시 같은 질문을 되풀이하곤 합니다. 좀 더 쉽고 재밌게 수학을 가르쳐보려는 노력을 하는 가운데 이 책, 《수학 소녀의 비밀 노트》 시리즈를 만났습니다.

수학은 인류의 역사상 가장 오래전부터 발달해온 학문입니다. 수학은 인류가 물건의 수나 양을 헤아리기 위한 방법을 찾아 시작한 이래 수천 년에 걸쳐 수많은 사람들에 의해 발전해 왔습니다. 그런데 오늘날 수학은 수와 크기를 다루는 학문이라는 말로는 그 의미를 다 담을 수 없는 고도의 추상적인 개념들을 다루고 있습니다. 이렇게 어렵고 복잡한 내용을 담게 된 수학을 이제 막 공부를 시작하는 학생들이나 일반인들이 이해하는 것은 더욱 힘들게 되었습니다. 그래서 더욱 수학을 어떻게 접근해야 쉽게 이해할 수 있을지 더 고민이 필요해졌습니다.

이 책의 등장인물들은 다양하고 어려운 수학 소재를 가지고, 일상에서 대화하듯이 편하게 이야기하고 있어 부담 없이 읽을 수 있습니다. 대화하는 장면이 머릿속에 그려지듯이 아주 흥미롭게 전개되어 기초가 없는 학생이라도 개념을 쉽게 이해할 수 있습니다. 또한 앞서 배웠던 개념을 잊어버려 공부에 어려움을 겪는 학생이어도 그 배운 학습 내용을 다시 친절하게 설명해주기에 걱정하지 않아도 됩니다. 더군다나 수학을 어떻게 쉽게 설명해야 할까 고민하는 선생님들에게 그 해답을 제시해주기도 합니다.

수학은 수와 기호로 표현합니다. 언어가 상호 간 의사소통을 하기 위한 최소한의 도구인 것과 같이 수학 기호는 수학으로 소통하는 사람들의 공통 언어라고 할 수 있습니다. 그러나 수학 기호는 우리가 일상에서 사용하는 언어와 달리 특이한 모양으로 되어 있어 어렵고 부담스럽게 느껴집니다. 이 책은 기호 하나라도 가볍게 넘어가지 않습니다. 새로운 기호를 단순히 '이렇게 나타낸다'가 아니라 쉽고 재미있게 이해할 수 있도록 배경을 충분히 설명하고 있어 전혀 부담스럽지 않습니다.

또한, 수학의 개념도 등장인물들의 자연스러운 대화를 통해 새롭고 흥미롭게 설명해줍니다. 이 책을 다 읽고 난 후 여러분은 자신도 모르게 수학에 대한 자신감이 한층 높아지고 수학에 대한 두려움이 즐거움으로 바뀌게 될지 모릅니다.

수학을 처음 접하는 학생, 수학 공부를 제대로 시작하고 싶지만 걱정이 앞서는 학생, 막연히 수학에 대한 두려움이 있는 학생, 수학 공부를 다시 도전하고 싶은 학생, 혼자서 기초부터 공부하고 싶은 학생, 심지어 수학을 어떻게 쉽고 재밌게 가르칠까 고민하는 선생님에게 이 책을 권합니다.

전국수학교사모임 회장

독자에게

이 책에서는 유리, 테트라, 리사, 미르카,

그리고 '나'의 수학 토크가 펼쳐진다.

무슨 이야기인지 이해하기 어려워도, 수식의 의미를

이해하기 어려워도 멈추지 말고 계속 읽어주길 바란다.

그리고 그들이 하는 말을 귀 기울여 들어주길 바란다.

그래야만 여러분도 수학 토크에 함께 참여하는 것이 되니까.

등장인물 소개

나 고등학교 2학년. 수학 토크를 이끌어나간다. 수학, 특히 수식을 좋아한다.

유리 중학교 2학년. '나'의 사촌 동생. 밤색의 말총머리가 특징. 논리적 사고를 좋아한다.

테트라 고등학교 1학년. 수학에 대한 궁금증이 남다르다. 단발머리에 큰 눈이 매력 포인트.

리사 '나'와 같은 고등학교 후배. 말수가 적은 '컴퓨터 소녀'. 새빨간 머리색이 특징.

미르카 고등학교 2학년. 수학에 자신이 있는 '수다쟁이 재원'. 검정 생머리에 금테 안경이 특징.

차례

제2장 신출귀몰 픽셀

제3장 컴플리먼트 기법

제4장 플립 트립

제5장 불 대수

프롤로그

엄마 어깨를 두드려 줘요.

통통 통통 통통통…

그럼 지금부터 게임 시작.

흑백 흑백 흑백백…

치트 키도 한 번 보여줄게요.

지금부터 통신 시작할까요.

1 0 1 0 1 0 0…

달랑 두 개 가지고 무얼 할 수 있을까.

두 개 있다면 뭐든 할 수 있지.

너랑 나랑 단둘이 무얼 할 수 있을까.

둘이 있다면 뭐든 할 수 있지.

무엇이든… 할 수 있을 거야.

프롤로그 앞부분 1~2행은 사이죠 야소(西條八十)의 동요 '어깨 두드리기(肩たたき)'에서 인용함.

제1장

손가락으로 만드는 비트

"수를 세고 있는 걸까,

손가락을 세고 있는 걸까?"

1-1 한 손으로 31까지 세기

유리 오빠! 31까지 한 손으로 셀 수 있어?

나 갑자기 무슨 소리야?

나는 고등학생. 중학생인 **유리**는 나의 사촌 동생이다.

어릴 적부터 쭉 함께 지내며 나를 '오빠'라고 부른다.

학교가 쉬는 날이면 유리는 늘 내 방에 온다. 게임을 하기도 하고, 책을 읽기도 하며….

유리 이 책에 〈한 손으로 31까지 세는 방법〉이 나오거든. 오빠는 할 수 있어?

나는 유리가 지금까지 읽고 있던 책에 눈을 돌렸다.

나 아아, **2진법**으로 수를 세는 방법 말이구나.

유리 2진법으로 센다, 라…. 오빠도 할 줄 알아?

나 응, 할 수 있어. 전에 연습한 적이 있거든.

유리 보여 줘, 보여 줘!

나 이게 1이지? 엄지손가락을 접는다.

유리 응, 그치.

유리는 내 손가락을 책에 나온 것과 비교하며 대답했다.

나 엄지손가락을 펴고 집게손가락을 접으면 2가 되지?

유리 응응. 그럼 3은?

나 3은 이렇게. 엄지손가락도 다시 접는다.

유리 맞아, 맞아!

나 4는 가운뎃손가락만 접는… 어우, 잘 안 접히네!

나 는 31까지 차례대로 손가락을 접어 보였다.

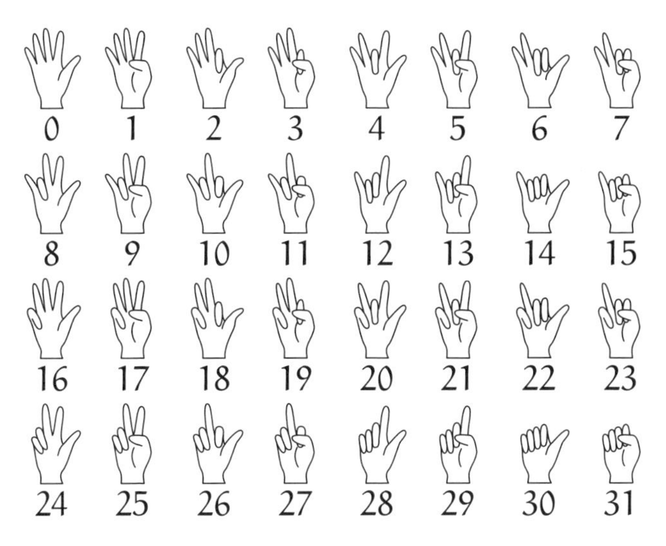

한 손으로 31까지 세기

유리 우와! 오빠, 대단하다!

나 손가락에 쥐가 날 것 같아. 특히 4랑 8이랑 21이 말이지.

유리 31까지 한 손으로 셀 수 있다니, 제법인데!

유리는 그렇게 말하며 손가락으로 V자를 만들어 보였다. 응, 그건 25구나.

나 일반적으로 생각하면 10까지밖에 세지 못할 테니까.

유리 그나저나 이런 걸 잘도 외우는구냥….

유리는 고양이 말투로 말하며 감탄했다.

나 딱히 외우거나 그런 건 아닌데?

유리 엥?

나 어떤 손가락을 접고 펴는지를 암기하고 있는 게 아니라구. 차례대로 1씩 더해 나갔을 뿐이야. 받아올림만 조심하면 너도 금방 할 수 있을걸.

유리 정말? 해 볼래, 해 볼래!

나 2진법에 대한 거니까 이미 알지 않아?

유리 어째서?

나 〈숫자 맞추기 마술〉 할 때 2진법에 대해서 가르쳐 준 적 있었지?*

유리 아, 맞다. 벌써 까먹었지만.

나 에휴. 그럼 하나씩 차근차근 이야기해보자.

유리 응!

이렇게 해서 우리의 '수학 토크'가 시작되었다.

---

* 《수학 소녀의 비밀 노트-정수 귀신》 참조

1-2 손가락을 접는 방법

나 한쪽 손에 손가락이 다섯 개 있지?

유리 그치. 으르렁!

유리는 맹수 흉내를 내면서 나를 할퀴는 시늉을 한다.

나 이제 우린 손가락 다섯 개를 접어서 수를 나타내려고 해. 그런데 각각의 손가락은 '올렸을 때'와 '내렸을 때'의 두 가지 경우가 있어.

유리 손가락을 '폈을 때'와 '접었을 때'라는 거지?

나 맞아. 예를 들어서 새끼손가락은, 올리거나 내리는 두 가지 경우가 있지. 그리고 새끼손가락을 올리거나 내리는 각각의 경우에 대해서, 약손가락도 올리거나 내리는 두 가지 경우가 있고… 이런 식으로 반복해서 생각해 보는 거야.

- **새끼손가락**은 올리거나 내리는 두 가지 경우가 있다.
- **약손가락**은 올리거나 내리는 두 가지 경우가 있다.
- **가운뎃손가락**은 올리거나 내리는 두 가지 경우가 있다.
- **집게손가락**은 올리거나 내리는 두 가지 경우가 있다.

• **엄지손가락**은 올리거나 내리는 두 가지 경우가 있다.

유리 알았어!

$$\underbrace{2}_{\text{새끼 손가락}} \times \underbrace{2}_{\text{약 손가락}} \times \underbrace{2}_{\text{가운뎃 손가락}} \times \underbrace{2}_{\text{집게 손가락}} \times \underbrace{2}_{\text{엄지 손가락}} = 32$$

이니까, 전부 다 해서 32가지야!

나 그렇지. 각각의 손가락은 올리거나 내리는 두 가지 경우가 있고, 손가락은 다섯 개잖아. 그리고 2의 5제곱을 계산하면, 손가락을 올리고 내리는 경우가 전부 32가지가 있다는 걸 알 수 있지. 32가지 경우가 있다는 건 32종류의 수를 표현할 수 있다는 얘기야.

$$\underbrace{2 \times 2 \times 2 \times 2 \times 2}_{\text{2가 5개}} = 2^5 = 32$$

유리 어라? 31가지가 아니라 32가지라고?

나 1, 2, 3, …, 31, 그리고 0이 있잖아.

유리 아, 그렇구나. 0도 있었네.

나 그다음엔 한 개의 손가락을 올리는 것과 내리는 것을 0과 1에 대응시켜 보자. 즉,

- 손가락을 올린다 ←----→ 0
- 손가락을 내린다 ←----→ 1

이렇게 된다는 거야. 그러면 다섯 개의 손가락을 올렸다 내렸다 하는 것은, 5자릿수의 0과 1에 대응하는 게 되지?

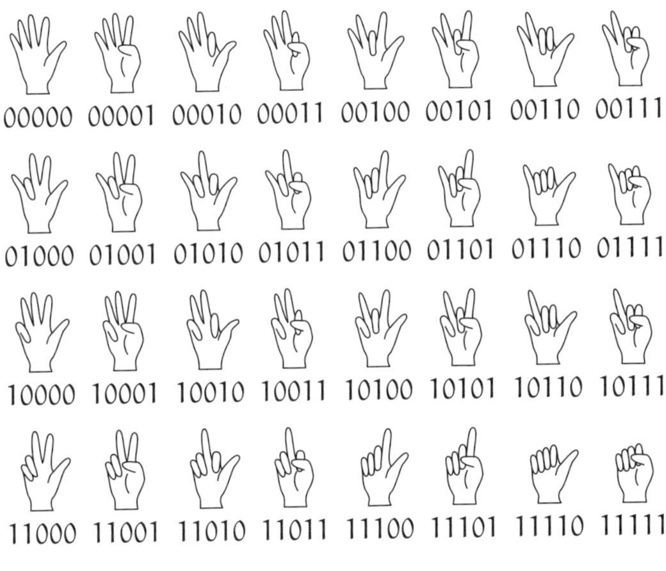

'다섯 손가락 올리고 내리기'와 '5자릿수의 0과 1'과의 대응

유리 흠흠. 0과 1이란 말이지….

나 예를 들어, 이건 11001에 대응하지.

유리 브이!

나 '5자릿수의 0과 1'을 '2진법으로 나타낸 5자릿수의 수'로 봐봐. 그러면 한 손으로 0부터 31까지의 수를 나타낼 수 있거든.

유리 잠깐만, 오빠. 그럼 결국 이 0과 1의 배열법을 암기한다는 거잖아.

나 방금 이야기한 건 손가락을 접는 방법을 0과 1의 배열에 대응시킨다는 것뿐이야. 지금부터가 재밌는 얘기라구.

유리 으르렁!

1-3 기수법

나 그런데 유리 넌 10진법이 뭔지 알아?

유리 뭐냐니, 수겠지.

나 10진법은 수 그 자체가 아니라 **기수법** 중 하나야.

유리 기수법?

나 수를 표기하는 방법. 한 마디로 수를 나타내는 방법이지.

유리 수를 나타내는 방법이란 게 수 맞지 뭐!

나 아니, 아니. 수의 표기와 수 그 자체는 다른 거야.

유리 골치 아플 것 같은 소리… 수가 수지!

나 예를 들어서, '12'라고 쓰나, 한자로 '十二'라고 쓰나, 영어로 'twelve'라고 쓰나, 모두 12라는 같은 수를 나타내고 있지? 표기는 다르지만 수 그 자체는 같아.

유리 시계도 있어.

나 시계?

유리 거실에 있는 시계. 12시 부분이 'XII'이잖아.

나 아아, 그렇지! 잘 발견했네. 유리 네 말대로 XII도 12를 나타내지.

유리 흠흠. 이해했어…. 그래서?

1-4 10진법

나 그래서, **10진법** 말인데. 10진법은 우리가 평소에 쓰고 있는 기수법이야. **위치적 십진기수법**이라고 하기도 해.

유리 위치적 십진기수법이라.

나 10진법에서 사용할 수 있는 숫자는 0, 1, 2, 3, 4, 5, 6, 7, 8, 9의 10종류야. 이 숫자를 나열해서 수를 나타내지.

유리 그렇지.

나 위치적 기수법에서는 그 숫자가 쓰여 있는 장소, 즉 자리가 중요해.

유리 일, 십, 백, 천, 만… 하는 그거?

나 응, 그거. 오른쪽부터 순서대로 1의 자리, 10의 자리, 100의 자리, 1000의 자리지? 자리가 왼쪽으로 하나씩 옮겨갈 때마다 크기가 10배가 돼. 예를 들어서 2065라는 수라면,

1의 자리에 있는 5는	5×1을	나타낸다.
10의 자리에 있는 6은	6×10을	나타낸다.
100의 자리에 있는 0은	0×100을	나타낸다.
1000의 자리에 있는 2는	2×1000을	나타낸다.

라는 거지.

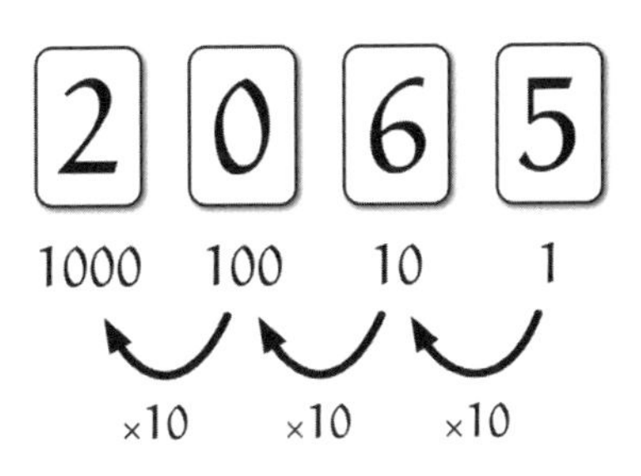

유리 아, 생각나는 것 같아. 오빠! 4자릿수는

$$1000\boxed{a} + 100\boxed{b} + 10\boxed{c} + 1\boxed{d}$$

라는 형태로 나타낼 수 있는 거잖아?

나 1000의 자리의 숫자가 $\boxed{a}$, 100의 자리의 숫자가 $\boxed{b}$, 10의 자리의 숫자가 $\boxed{c}$, 1의 자리의 숫자가 $\boxed{d}$인 경우는 그렇지.

유리 응응.

나 2065라는 수의 배열은 2개의 1000, 0개의 100, 6개의 10, 5개의 1을 모두 합한 수를 나타내고 있다고 볼 수 있어.

$$\boxed{2}\times1000 + \boxed{0}\times100 + \boxed{6}\times10 + \boxed{5}\times 1$$

유리 이 정도쯤이야 식은 죽 먹기지!

나 여기까지는 우리가 잘 알고 있는 10진법 얘기였어. 그리고 지금까지 등장한 10을 모두 2로 바꾸면 2진법 얘기가 되는 거야.

유리 오호!

1-5 2진법

나 2진법도 기수법, 즉 수를 나타내는 방법 중 하나지. 하지만 2진법에서는 0과 1, 이 두 가지 숫자만 사용해. 이 두 숫자를 여러 개 나열해서 수를 나타내지.

유리 흠흠.

나 오른쪽부터 순서대로 1의 자리, 2의 자리, 4의 자리, 8의 자리, 16의 자리로 부르고, 자리가 왼쪽으로 하나씩 옮겨갈 때마다 2배가 되는 거야. 예를 들어서 11010이라는 수라면,

1의 자리에 있는 0은 0×1 을 나타낸다.
2의 자리에 있는 1은 1×2 를 나타낸다.
4의 자리에 있는 0은 0×4 를 나타낸다.
8의 자리에 있는 1은 1×8 을 나타낸다.
16의 자리에 있는 1은 1×16 을 나타낸다.

이렇게 된다는 거지.

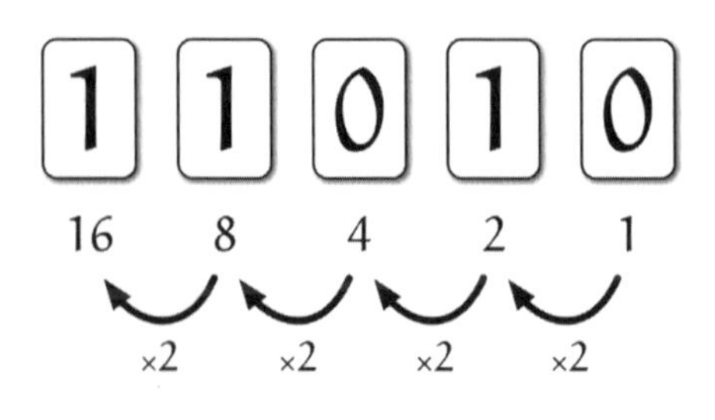

1 ×16 + 1 ×8 + 0 ×4 + 1 ×2 + 0 ×1

유리 2진법으로 하니까 16의 자리, 8의 자리처럼 자릿수가 어정쩡해졌어.

나 어정쩡하다니?

유리 10진법에선 1, 10, 100, 1000, … 이렇게 수가 깔끔하게 떨어지잖아.

나 1부터 시작해서 10배씩 커져 나가는 수가 깔끔하게 떨어진다고 느끼는 건 10진법 표기에 익숙해져 있기 때문이야. 10배 했을 때 숫자 0이 1개씩 늘어나는 건 10진법으로 나타내고 있기 때문에 그런 거야.

유리 아아….

나 10진법에서는 1의 자리, 10의 자리, 100의 자리, 1000의 자리… 를 쓰지. 이걸 정리하면

10^n의 자리　　(n = 0, 1, 2, 3, …)

의 형태로 쓸 수 있어.

유리 흠흠.

나 10^n은 10진법으로 나타낼 때 1 뒤에 0이 n개 붙는 것에 대응되니까,

- $10^3 = 1000$　(0이 3개)
- $10^2 = 100$　(0이 2개)
- $10^1 = 10$　(0이 1개)
- $10^0 = 1$　(0이 0개)

이 돼. 모두 10의 **거듭제곱** 형태지?

유리 거듭제곱.

나 응. 거듭제곱은 **멱**이라고도 해.

유리 멱.

나 2진법에서는 1의 자리, 2의 자리, 4의 자리, 8의 자리, 16의 자리… 이렇게 써. 이걸 정리하면,

2^n의 자리　　(n = 0, 1, 2, 3, 4, …)

의 형태로 쓸 수 있어. 2^n은 2진법으로 나타낼 때 1 뒤에 0이

n개 붙는 거랑 대응되지? 여기서는 2의 거듭제곱의 형태야.

유리 그렇구나! 1의 자리, 2의 자리, 4의 자리, 8의 자리, 16의 자리는 2진법으로 쓰면 깔끔하게 떨어지는 거네! 왜냐면,

1의 자리는	1(일)의 자리
2의 자리는	10(일영)의 자리
4의 자리는	100(일영영)의 자리
8의 자리는	1000(일영영영)의 자리
16의 자리는	10000(일영영영영)의 자리

가 되니까.

나 바로 그거지!

유리 헤헷!

나 참, 10000처럼 0과 1밖에 나오지 않을 때, 10진법으로 표기한 건지 2진법으로 표기한 건지 혼동될 때가 있어.

유리 아, 그렇겠네.

나 몇 진법으로 표기하고 있는지 확실히 하기 위해서 오른쪽 아래에 **기수**를 쓰는 방법이 있거든. 10000이 10진법이라면 $10000_{(10)}$이라고 쓰고, 2진법이라면 $10000_{(2)}$라고 쓰는 거야. 그렇게 하면 확실해지잖아.

$$10000_{(10)} \quad \text{10진법으로 표기한 10000}$$

$$10000_{(2)} \quad \text{2진법으로 표기한 10000}$$

유리 그렇구나.

나 예를 들어, '2진법으로 표기할 때 11010이 되는 수는, 10진법으로 표기할 때 26이 되는 수와 같다'라는 건, 이런 식으로 쓸 수 있지.

$$11010_{(2)} = 26_{(10)}$$

유리 번거로울 것 같은데.

나 기수가 무엇인지 확실하다면 굳이 안 써도 돼. 어디까지나 확실히 하고 싶을 때만 쓰는 거야.

유리 그럼 뭐 상관없지만.

나 기수를 확실히 하는 게 목적이라는 거야. 이렇게 기수 대신 정숫값에 괄호를 씌우는 방법도 있어.

$$(11010)_2 = (26)_{10}$$

유리 그렇구나.

나 그런데 말이야, 2진법으로 나타낸 11010이라는 수는 10진법으로 나타내면 26이지만, 어떻게 그걸 확인할 수 있을까?

유리 계산해보면 되지. 음, 그러니까…

$$\begin{aligned} 11010_{(2)} &= \underline{1} \times 16 + \underline{1} \times 8 + \underline{0} \times 4 + \underline{1} \times 2 + \underline{0} \times 1 \\ &= 16 + 8 + 2 \\ &= 26 \end{aligned}$$

그래서 26이 맞아!

나 그렇지! 2진법에서는 숫자 0과 1만 사용해. 그 말은, '2진법으로 수를 표기'하는 것은, 수를 '2의 거듭제곱의 합으로 표기'하는 걸 말하는 거야. 방금 유리 네가 계산한 26의 경우,

$$\begin{aligned} 26 &= 16 + 8 + 2 \\ &= 2^4 + 2^3 + 2^1 \end{aligned}$$

라는 형태로, 2^4와 2^3과 2^1의 합이지?

유리 오호. 2^2랑 2^0은 안 나왔네.

나 예를 들어서 31이라면,

$$\begin{aligned} 31 &= 16 + 8 + 4 + 2 + 1 \\ &= 2^4 + 2^3 + 2^2 + 2^1 + 2^0 \end{aligned}$$

이라는 형태가 되는데, 이건 2^4, 2^3, 2^2, 2^1, 2^0의 합으로 나타내고 있어.

유리 흠흠. 이건 2^4부터 2^0까지 다 나왔네.

1-6 대응표

나 0, 1, 2, 3, …, 31을 10진법과 2진법으로 나타내 볼까?

10진법	2진법
0	00000
1	00001
2	00010
3	00011
4	00100
5	00101
6	00110
7	00111
8	01000
9	01001
10	01010
11	01011
12	01100
13	01101
14	01110
15	01111
16	10000
17	10001
18	10010
19	10011
20	10100
21	10101
22	10110
23	10111
24	11000
25	11001
26	11010
27	11011
28	11100
29	11101
30	11110
31	11111

10진법과 2진법의 대응표

나 이 대응표에서 몇 가지 패턴이 보이지? 예를 들어, 2진법에서 오른쪽 끝단의 수를 세로로 읽어 봐.

유리 0, 1, 0, 1, 0, 1, …로 되어 있어!

나 그렇지. 1의 자리가 0이면 **짝수**이고, 1이면 **홀수**야. 짝수와 홀수는 번갈아 가며 오니까, 0, 1, 0, 1, …을 반복해 나가는 거야.

10진법	2진법
0	00000
1	00001
2	00010
3	00011
4	00100
5	00101
6	00110
7	00111
8	01000
9	01001
10	01010
11	01011
12	01100
13	01101
14	01110
⋮	⋮

유리 그리고, 2의 자리는 0, 0, 1, 1, 0, 0, 1, 1, …이네.

나 0과 1이 2개씩 번갈아 가며 나열되어 있지?

10진법	2진법
0	00000
1	00001
2	00010
3	00011
4	00100
5	00101
6	00110
7	00111
8	01000
9	01001
10	01010
11	01011
12	01100
13	01101
14	01110
⋮	⋮

1-7 2진법에서 1을 더하기

나 자, 그럼 이제 세어볼까. 0을 2진법 5자릿수로 나타내면 00000이야. 여기에 1을 더하면 00001이 되지.

$$\begin{array}{r} 0\ 0\ 0\ 0\ 0 \\ +\qquad\quad\ \ 1 \\ \hline 0\ 0\ 0\ 0\ 1 \end{array}$$

유리 0에 1을 더하면 1이니까.

나 거기다 1을 또 더하면 2가 되지? 00010(영영영일영)

```
  0 0 0 0 1
+         1
-----------
  0 0 0 1 0
```

유리 받아올림?

나 맞아. 지금 **받아올림**이 발생했어. 1 더하기 1은 2이지만, 2진법에선 0과 1만 쓸 수 있으니까, 받아올림을 해서 00010이 됐어.

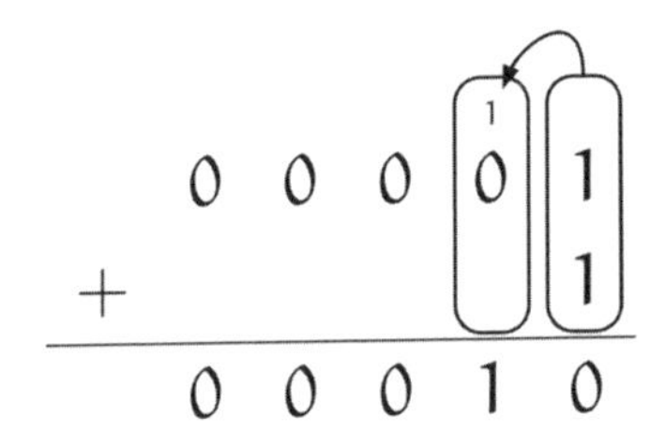

유리 한 번 더 1을 더하면 3이고, 00011(영영영일일)

```
  0 0 0 1 0
+         1
-----------
  0 0 0 1 1
```

나 그다음 4가 될 때는 받아올림이 두 번 연속해서 발생하지.

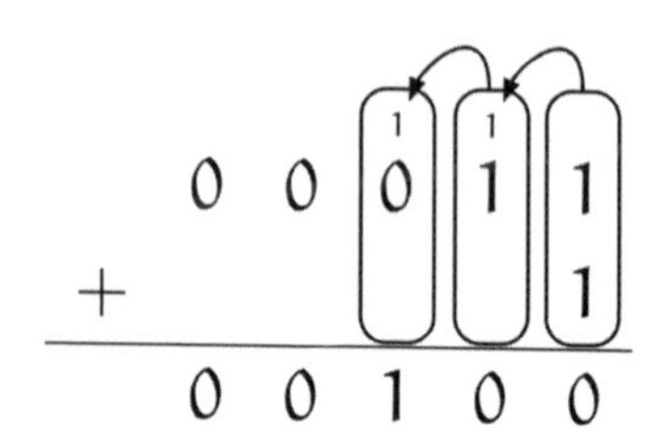

유리 이건 99에 1을 더했을 때랑 비슷한 것 같아.

나 아아, 그러게. 10진법에서 99에 1을 더할 때도 받아올림이 두 번 연속해서 발생하니까 말이야.

유리 2진법은 0과 1밖에 없어서 계산하기 쉽다!

나 그 대신, 2진법에선 자릿수가 늘어나잖아.

유리 그렇네….

나 여기까지 알았으면 이제 한 손으로 31까지 셀 수 있겠지? 손가락을 접는 부분을 1이라 생각하고, 받아올림에 유의하면서 1씩 늘려 나가면 되니까.

유리 한번 해 볼게!

유리는 열심히 손가락을 접으면서 2진법으로 수를 세기 시작했다.

나 엄지손가락이 1의 자리이다 보니, 번갈아 가며 계속 올렸다 내렸다 하느라 바쁘지?

유리 그러게. 새끼손가락은 계속 놀고 있고….

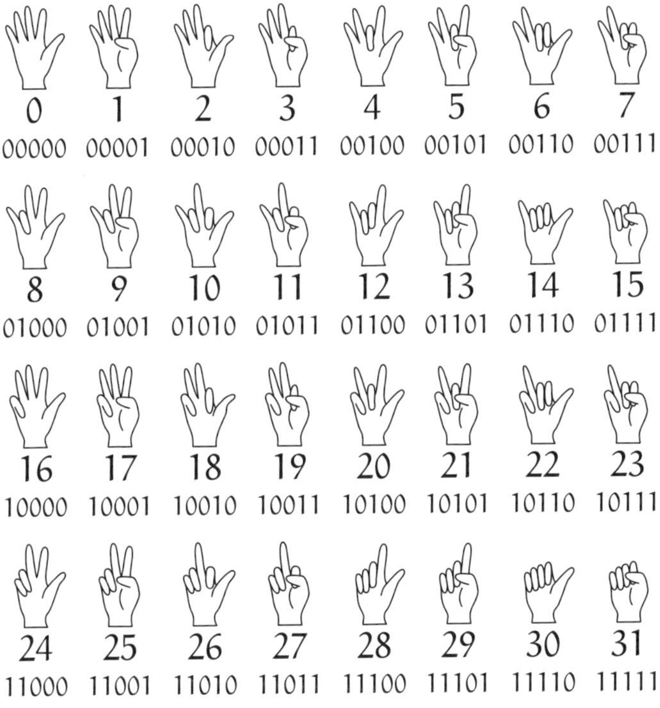

0	1	2	3	4	5	6	7
00000	00001	00010	00011	00100	00101	00110	00111
8	9	10	11	12	13	14	15
01000	01001	01010	01011	01100	01101	01110	01111
16	17	18	19	20	21	22	23
10000	10001	10010	10011	10100	10101	10110	10111
24	25	26	27	28	29	30	31
11000	11001	11010	11011	11100	11101	11110	11111

한 손으로 31까지 세기

1-8 39는 어떻게 될까?

나 그럼 여기서 퀴즈 하나 낼게.

유리 뭔데, 뭔데?

나 10진법으로 39라고 쓰는 수를 2진법으로 쓰면 어떻게 될까?

●●● 퀴즈

39를 2진법으로 나타내 보자.

$$39_{(10)} = ?_{(2)}$$

유리 기억 안 나.

나 아니아니, 기억이 나고 안 나고가 아니라, 생각을 좀 해 보란 건데.

유리 …아, 그렇구나. 아까 31까지 대응표를 만들었으니까 거기서부터 계속 이어 나가면 되는 거지? 31이 11111이고, 32가 100000이고, 33이 100001이고….

10진법	2진법
⋮	⋮
31	11111
32	100000
33	100001
34	100010
35	100011
36	100100
37	100101
38	100110
39	100111
⋮	⋮

10진법과 2진법의 대응표(계속)

유리 그래서 39는 2진법으로 100111이 되는 거 아닌가?

나 딩동댕!

●●● **퀴즈의 정답**

39를 2진법으로 나타내면 100111이 된다.

$$39_{(10)} = 100111_{(2)}$$

유리 식은 죽 먹기지!

나 유리 네가 방금 한 것처럼 1씩 늘려 나가는 방법도 나쁘지 않아.

유리 그렇긴 한데, 번거로운 것 같아!

나 '10진법으로 나타낸 수를 2진법으로 나타내는 방법'을 일반적으로 생각할 수는 없을까? '39를 2진법으로 표기하면 100111이 된다'라고 하기 위해서는, 39를 어찌어찌해서 2의 거듭제곱의 합의 형태로 만들면 돼. 대응표를 쓰지 않고 100111을 찾으려면 어떻게 하면 될까?

유리 으음….

나 39를 2진법으로 나타냈을 때, 1의 자리가 0이 아니라 1이 된다는 건 금방 알 수 있지?

$$39 = \cdots 1_{(2)}$$

유리 왜? …아, 39가 홀수라서?

나 그렇지. 어떤 수를 2진법으로 나타냈을 때,

- 짝수일 경우 1의 자리는 0
- 홀수일 경우 1의 자리는 1

이 되지. 바꾸어 말하면, 어떤 수를 2진법으로 나타냈을 때의 1의 자리는 **2로 나누었을 때의 나머지**라고 할 수 있어. 39를 2로 나누었을 때의 몫과 나머지는 이렇게 되지?

$$39 = 2 \times \underbrace{19}_{\text{몫}} + \underbrace{1}_{\text{나머지}}$$

유리 흠흠.

나 그래서 '2로 나누는 것'이 2진법으로 표기하기 위한 열쇠가 되지.

유리 1의 자리는 2로 나눈 나머지로 알 수 있긴 한데, 그럼 2의 자리는?

나 **'비슷한 문제를 알고 있는가'**를 먼저 생각해 봐.

유리 앗, 4로 나눈 나머지인가?

나 아주 좋았어! 하지만 그렇게 되면 0, 1, 2, 3 중 하나가 될 텐데.

유리 맞다, 0하고 1만 쓸 수 있는 거였지….

나 5자릿수의 2진법으로 나타낸 수가

$$\boxed{a}\boxed{b}\boxed{c}\boxed{d}\boxed{e}_{(2)}$$

라는 형태로 되어 있다고 치자. $\boxed{a}$, $\boxed{b}$, $\boxed{c}$, $\boxed{d}$, $\boxed{e}$는 모두 0 아니면 1 둘 중 하나야. 2진법에서 쓸 숫자니까.

유리 응… 그래서?

나 2진법으로 나타낸 거니까,

$$\boxed{a}\boxed{b}\boxed{c}\boxed{d}\boxed{e}_{(2)} = 16\boxed{a} + 8\boxed{b} + 4\boxed{c} + 2\boxed{d} + 1\boxed{e}$$

처럼 쓸 수 있지?

유리 ….

나 이걸 2로 나누었을 때 몫과 나머지가 어떻게 될지 생각해 보면,

$$\boxed{a}\boxed{b}\boxed{c}\boxed{d}\boxed{e}_{(2)} = 2(\underbrace{8\boxed{a} + 4\boxed{b} + 2\boxed{c} + 1\boxed{d}}_{\text{몫}}) + \underbrace{1\boxed{e}}_{\text{나머지}}$$

처럼 되지?

유리 2로 묶은 거야?

나 맞아. 이 몫을 잘 봐.

유리 앗! $8\boxed{a} + 4\boxed{b} + 2\boxed{c} + 1\boxed{d}$ 이거, 2진법처럼 생겼어!

나 그치? 2진법 4자릿수로 되어 있어. 자, 그럼 여기서 $\boxed{d}$를 구하려면 어떻게 하면 될까?

유리 한 번 더 2로 나누기!

나 그렇지! 2로 나누었을 때 나온 몫을 또 2로 나눠. 그 나머지가 $\boxed{d}$가 될 거고.

유리 2로 나누는 걸 반복하면 되는구나!

$$16\boxed{a}+8\boxed{b}+4\boxed{c}+2\boxed{d}+1\boxed{e} = 2(\underbrace{8\boxed{a}+4\boxed{b}+2\boxed{c}+1\boxed{d}}_{\text{몫}})+\underbrace{1\boxed{e}}_{\text{나머지}}$$

$$8\boxed{a}+4\boxed{b}+2\boxed{c}+1\boxed{d} = 2(\underbrace{4\boxed{a}+2\boxed{b}+1\boxed{c}}_{\text{몫}})+\underbrace{1\boxed{d}}_{\text{나머지}}$$

$$4\boxed{a}+2\boxed{b}+1\boxed{c} = 2(\underbrace{2\boxed{a}+1\boxed{b}}_{\text{몫}})+\underbrace{1\boxed{c}}_{\text{나머지}}$$

$$2\boxed{a}+1\boxed{b} = 2(\underbrace{1\boxed{a}}_{\text{몫}})+\underbrace{1\boxed{b}}_{\text{나머지}}$$

$$1\boxed{a} = 2(\underbrace{\ 0\ }_{\text{몫}})+\underbrace{1\boxed{a}}_{\text{나머지}}$$

나 나머지에 주목하면 $\boxed{e}$, $\boxed{d}$, $\boxed{c}$, $\boxed{b}$, $\boxed{a}$가 순서대로 나온다는 걸 알 수 있어.

유리 그러고 보니 그렇네!

나 실제로 39로 한 번 해 볼까? 이렇게 될 거야.

$$39 \div 2 = 19 \text{ 나머지 } 1$$

$$19 \div 2 = 9 \text{ 나머지 } 1$$

$$9 \div 2 = 4 \text{ 나머지 } 1$$

$$4 \div 2 = 2 \text{ 나머지 } 0$$

$$2 \div 2 = 1 \text{ 나머지 } 0$$

$$1 \div 2 = 0 \text{ 나머지 } 1$$

39를 2진법으로 나타내기

유리 나머지는 1, 1, 1, 0, 0, 1… 어라?

나 1의 자리부터 보고 있는 거니까 순서를 뒤집어야지.

유리 아, 그렇네. 거꾸로 하면 1, 0, 0, 1, 1, 1이니까 100111이 맞아!

나 39를 2진법으로 쓰면 100111이라는 걸 알 수 있지?

1-9 패턴의 발견

유리는 손을 코앞까지 가져와서는 손가락을 접는다. 2진법으로 수를 세는 연습을 하고 있는 듯하다.

유리 근데 오빠. 왜 2진법 같은 걸 생각해야 해?

나 철학자이자 수학자인 라이프니츠는, 2진법이 패턴을 찾기엔 더 낫다고 생각한 것 같아.

유리 패턴?

나 응. 10진법으로 수열을 적는 것보다 2진법으로 쓰는 게 패턴을 찾기 더 쉽고, 거기에서 수열이 가지는 성질을 찾아내기가 더 쉬워진다는 거야.

유리 뭔 소리인지 하나도 모르겠어.

나 음… 그럼, 이런 수열이 있다고 예를 들어 보자.

$$0_{(2)}, 1_{(2)}, 11_{(2)}, 111_{(2)}, 1111_{(2)}, 11111_{(2)}, \cdots$$

유리 1이 줄줄이 이어져 있어.

나 응. 2진법으로 쓰면 이런 패턴을 가진 수열이란 걸 알 수 있지. 1이 0개, 1이 1개, 1이 2개, 1이 3개….

유리 한눈에 딱 보이니까.

나 맞아. 한눈에 바로 보이지. 2진법으로 나타내니까 패턴이 바로 보이는 거야. 하지만 이 수열을 10진법으로 적어보면 어떻게 될까?

유리 $0_{(2)}$는 0이고, $1_{(2)}$는 1이고, $11_{(2)}$는 3이고…

$$0, 1, 3, 7, 15, 31, \cdots$$

이렇게 되는 거지?

나 그래. 0, 1, 3, 7, 15, 31, …라는 수열을 봐도, 딱 봐선 어떤 패턴이 있는지 알기 어려워. 그렇지만 2진법으로 표기하면, '여기에는 규칙성이 있는 것 같네'하고 알 수가 있지.

유리 왜 2진법이면 규칙성을 알기 쉬운 거야?

나 그건 아마 2진법에서 쓰이는 숫자가 0이랑 1밖에 없어서 그렇지 않을까? 그래서 반복되는 게 있다는 걸 알기 쉬운 걸지도. 수를 2진법으로 나타낼 때, 101이 아니라 <u>00</u>101처럼 여분의 0을 쓰는 경우가 종종 있는데, 그것도 패턴이나 규칙성을 더 알기 쉽게 하려고 그런 걸지도 몰라.

유리 2진법에서 1이 죽 늘어서 있는 규칙성이란 게 뭐야?

나 음.

$$0_{(2)}, 1_{(2)}, 11_{(2)}, 111_{(2)}, 1111_{(2)}, 11111_{(2)}, \cdots$$

라는 수열의 일반항은

$$2^n - 1 \quad (n = 0, 1, 2, 3, 4, 5, \cdots)$$

이라는 심플한 형태를 띠고 있지?

n	0	1	2	3	4	5	⋯
$2^n - 1$	0	1	3	7	15	31	⋯

유리 앗, 근데, 10진법에서도 비슷한 규칙성을 찾을 순 있어!

예를 들면 이런 거.

$$0, 9, 99, 999, 9999, 99999, \cdots$$

이거 전부

$$10^n - 1 \quad (n = 0, 1, 2, 3, 4, 5, \cdots)$$

이잖아?

나 그렇네!

1-10 2개의 나라

유리 패턴을 찾기 쉬운 이유는 0이랑 1이라서…?

나 2진법으로 수를 나타낼 경우, 보통 0과 1이라는 숫자를 쓰지만, **확실하게 구별할 수 있는 두 종류의 무언가**가 있다면 그걸 숫자로 쓸 수도 있어.

유리 그게 무슨 말이야?

나 손가락을 올리거나 내리는 것처럼 두 종류가 있으면 되는 거니까, 0은 반드시 0의 형태가 아니어도 되고, 1도 반드시 1의 형태가 아니어도 된다는 말이야.

유리 그건 그렇네. 두 종류의 무언가… 예를 들면 바둑돌 같은 거?

나 한번 해 보자. 바둑돌의 백돌을 0으로, 흑돌을 1로 본다면, 예를 들어

$$●●○○●_{(2)} = 11001_{(2)} = 25_{(10)}$$

가 돼. 한 손에 있는 손가락 다섯 개와 마찬가지로, 바둑돌이 다섯 개 있으면 0부터 31까지 나타낼 수 있어.

유리 반대로 해도 되지? 흑돌을 0으로, 백돌을 1로 말이야.

나 물론이지. 어느 쪽을 대응시키든 상관없어. 흑돌을 0으로,

백돌을 1로 본다면 25는 ○○●●○(2)가 되겠네.

유리 띠리링~ 나 뭔가 떠올랐어!

나 왜 그래?

유리 아까 오빠는,

- 손가락을 올린다 ←----→ 0
- 손가락을 내린다 ←----→ 1

이렇게 정했었는데, 거꾸로 해도 되는 거지? 즉,

- 손가락을 올린다 ←----→ 1
- 손가락을 내린다 ←----→ 0

이렇게 말이야.

나 오호라. 숫자를 반대로 대응시키겠다는 뜻이구나. 물론 거꾸로 해도 되지. 음, 그거 재밌는 퀴즈가 될 수도 있겠는데!

유리 퀴즈?

••• **퀴즈 (손가락을 접는 방법이 다른 두 나라)**

0부터 31까지의 수를 손가락을 써서 2진법으로 나타낼 때

- A나라에서는 손가락을 올리면 0, 내리면 1
- B나라에서는 손가락을 올리면 1, 내리면 0

이라고 한다. 예를 들어

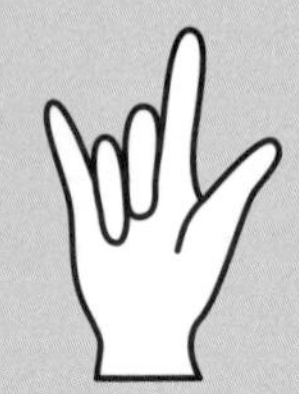

을 보면,

- A나라에서는 $01100_{(2)}$ 즉 12
- B나라에서는 $10011_{(2)}$ 즉 19

가 된다. 이것을

$$A(\;) = 01100_{(2)} = 12$$

$$B(\;) = 10011_{(2)} = 19$$

라고 나타내기로 한다. 손가락을 접는 방법을 x로 나타낼 때, $A(x)$와 $B(x)$ 사이에는 어떤 관계가 있을까?

유리 음… 어떻게 생각해야 돼?

나 이해를 돕는데 예시만 한 게 없으니, 구체적인 예를 가지고 생각해 보자구. 예를 들어, $x =$ 일 때는 어떨 것 같아?

유리 는 A나라에서는 2 + 1 = 3이잖아. B나라에서는… 어어, 그러니까, 16 + 8 + 4 = 28일까?

$$A() = 00011_{(2)} = \underline{0} \times 2^4 + \underline{0} \times 2^3 + \underline{0} \times 2^2 + \underline{1} \times 2^1 + \underline{1} \times 2^0 = 3$$

$$B() = 11100_{(2)} = \underline{1} \times 2^4 + \underline{1} \times 2^3 + \underline{1} \times 2^2 + \underline{0} \times 2^1 + \underline{0} \times 2^0 = 28$$

나 응, 좋아. 또 다른 건?

유리 예를 들어서 는 A나라에서는 16 + 8 + 1 = 25잖아. B나라에서는… 아마 6이 될 것 같은데.

$$A() = 11001_{(2)} = \underline{1} \times 2^4 + \underline{1} \times 2^3 + \underline{0} \times 2^2 + \underline{0} \times 2^1 + \underline{1} \times 2^0 = 25$$

$$B() = 00110_{(2)} = \underline{0} \times 2^4 + \underline{0} \times 2^3 + \underline{1} \times 2^2 + \underline{1} \times 2^1 + \underline{0} \times 2^0 = 6$$

나 혹시 뭔가 눈치챈 건 없어?

유리 12랑 19였지. 3이랑 28에다가, 25랑 6이니까… 아, 알겠다! 서로 더하면 31이야!

나 딩동댕!

••• 퀴즈의 정답 (손가락을 접는 방법이 다른 두 나라)

A(x)와 B(x) 사이에는

$$A(x) + B(x) = 31$$

이라는 관계가 있다.

유리 잠깐만. 🖐랑 🖐랑 ✌밖에 확인 못했는데.

나 응. 🖐부터 ✊까지 중에 어떤 것이든 성립한다는 건 증명할 수 있어.

유리 증명이라….

나 A나라의 해석과 B나라의 해석은 0과 1이 딱 반전되어 있잖아. 0과 1이 딱 뒤바뀌어 있다는 얘기야. 그러면, A(x) + B(x)를 계산한 결과를 2진법으로 나타내보면 반드시 $11111_{(2)}$가 돼. 그리고 $11111_{(2)} = 31_{(10)}$ 이지. 이렇게 증명이 됐어.

유리 아하, 그렇구나! 0이랑 1이 반전되어 있을 때, 받아올림은 절대로 안 생기네!

$$
\begin{array}{r}
1\ 0\ 1\ 1\ 0 \\
+\ 0\ 1\ 0\ 0\ 1 \\
\hline
1\ 1\ 1\ 1\ 1
\end{array}
$$

1-11 모나리자와 신출귀몰 픽셀

유리 오빠, 이것 봐! 이제 할 수 있어!

유리는 손가락을 접었다 폈다 하며, 31까지 세어 보였다.

나 오, 빨라졌네!

유리 손가락을 올렸다 내렸다 하는 2진법, 정말 재밌네!

나 2진법을 사용하면 두 가지 상태를 취하는 것을 나열해서 수를 나타낼 수 있어. 그래서 컴퓨터에서도 쓰이고 있지.

유리 컴퓨터….

나 전원 켜기랑 끄기. 불이 켜지는 것과 꺼지는 것. 두 가지 상태가 있다면 수를 취급할 수 있어. …참, 컴퓨터 하니까 말인데 〈신출귀몰 픽셀〉이라는 행사가 다음 주에 열린대. 나라비쿠라 도서관에서 하는 거라 미르카도 올 거야. 유리 너도 갈래?

유리 미르카 님이 오신다고? 갈래 갈래!

나는 〈신출귀몰 픽셀〉을 소개하는 소책자를 유리에게 보여주었다.

유리 픽셀…이 뭐야?

나 픽셀(pixel)이라는 건, 컴퓨터 디스플레이를 구성하는 점 하나하나를 말해. 화소라고도 하지. 왜, 작은 점들이 잔뜩 모여서 그림이 만들어지잖아. 여기 인쇄된 모나리자 명화도 그렇고. 확대하면 점들이 모여서 그려진 그림이란 걸 알 수 있어. 모나리자는 원래 유화로 그린 그림이고 컬러로 되어 있지만, 이건 흑백 인쇄한 거라서 하얀색 점과 검은색 점을 써서 그린 게 되지.

모나리자를 흑백 점으로 나타내기

유리 하얀색과 검은색…이라는 건, 모나리자를 수로 나타내고 있는 거구나!

나 수?

유리 맞잖아. 두 가지 종류인 것들을 나열하면 수를 나타낼 수 있으니까. 하얀색이 0이고 검은색이 1이라면, ○○●○●●●●○…는 001011110…이 되고. 그러면 이게 수잖아!

나 듣고 보니 그렇네!

"손가락의 수를 모르고서 수를 셀 수 있을까?"

제1장의 문제

계산할 때 10진법을 사용할 수 있는 현대인은

이토록 편리한 수의 표기법을 가지지 못한 고대인보다

훨씬 유리한 입장에 서 있는 것이다.

— 조지 폴리아*

●●● **문제 1-1 (손가락 올리고 내리기)**

본문에서 손가락을 올리고 내리는 것을 사용하여 0, 1, 2, 3, …, 31까지 32가지 수를 2진법으로 나타내 보았다. 그 32가지 중 '집게손가락을 올리고 있는 경우'는 몇 가지일까?

(해답은 p.290)

* 《어떻게 문제를 풀 것인가(How to Solve It)》 중

●●● 문제 1-2 (2진법으로 나타내기)

10진법으로 나타낸 ①~⑧의 수를 2진법으로 나타내시오.

예) $12 = 1100_{(2)}$

① 0

② 7

③ 10

④ 16

⑤ 25

⑥ 31

⑦ 100

⑧ 128

(해답은 p.291)

●●● 문제 1-3 (10진법으로 나타내기)

2진법으로 나타낸 ①~⑧의 수를 10진법으로 나타내시오.

예) $11_{(2)} = 3$

① $100_{(2)}$

② $110_{(2)}$

③ $1001_{(2)}$

④ $1100_{(2)}$

⑤ $1111_{(2)}$

⑥ $10001_{(2)}$

⑦ $11010_{(2)}$

⑧ $11110_{(2)}$

(해답은 p.293)

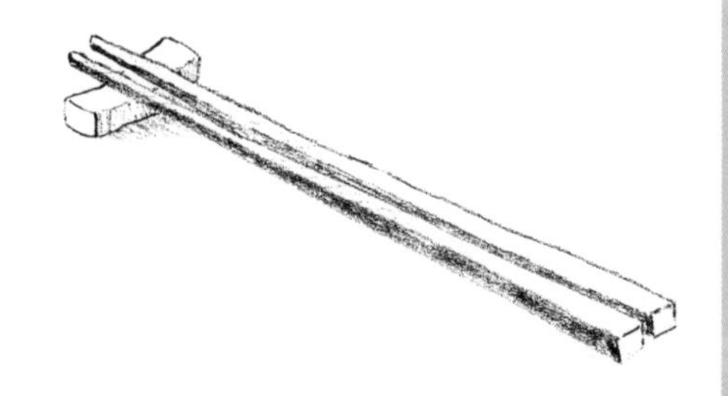

●●● 문제 1-4 (16진법으로 나타내기)

프로그래밍에서는 2진법이나 10진법뿐 아니라 16진법이 사용되기도 한다. 16진법에서는 16종류의 숫자가 필요하기 때문에, 10부터 15까지는 알파벳을 사용한다. 즉, 16진법에서 사용하는 '숫자'는

0, 1, 2, 3, 4, 5, 6, 7, 8, 9, A, B, C, D, E, F

의 16종류이다. 아래의 수를 16진법으로 표기하시오.

예) $17_{(10)} = 11_{(16)}$

예) $00101010_{(2)} = 2A_{(16)}$

① $10_{(10)}$

② $15_{(10)}$

③ $200_{(10)}$

④ $255_{(10)}$

⑤ $1100_{(2)}$

⑥ $1111_{(2)}$

⑦ $11110000_{(2)}$

⑧ $10100010_{(2)}$

(해답은 p.294)

●●● 문제 1-5 ($2^n - 1$)

n은 1 이상인 정수라 하고, n이 소수(약수가 1과 자기 자신뿐인 자연수–옮긴이)가 아닐 때,

$$2^n - 1$$

도 소수가 아님을 증명하시오.

힌트: 'n이 소수가 아니다'라는 것은 'n = 1이거나, 또는 n = ab를 충족하는 1보다 큰 두 개의 정수 a와 b가 존재한다'라는 것이다.

(해답은 p.296)

제2장

신출귀몰 픽셀

"점이 움직이면 그림도 움직인다."

2-1 역에서

저는 **테트라**. 고등학생입니다. 오늘은 즐거운 하루가 될 거예요.

전철을 타고 나라비쿠라 도서관에서 열리는 행사에 갈 예정이거든요.

매번 수학을 가르쳐 주시는 선배님이랑 단둘이 역에서 만날 약속을….

유리 앗, 저기 있네! 테트라 언니!

테트라 어머, 유리! 오늘은 어쩐 일인가요?

유리 〈신출귀몰 픽셀〉 행사에 간다면서요?

테트라 앗, 네, 그렇긴 한데… 유리도 가는 거였군요. 선배님은 왜 안 오실까요?

유리 오빠는 독감 걸렸대요!

테트라 네에? 그럼 이럴 게 아니라 병문안을 가야겠어요!

유리 안 돼요! 옮는단 말이에요. 우리 둘이 행사장에 가요!

테트라 그, 그럴…까요.

…그래서 유리와 둘이서 전철로 이동하게 되었습니다.

유리 나라비쿠라 도서관에 가는 거 엄청 오랜만이다!

테트라 그렇네요. 이번 〈신출귀몰 픽셀〉 행사는 컴퓨터 프로그램에서도 사용되는 2진법 이야기래요. 다양한 전시물도 있어서 재미있을 것 같아요.

유리 테트라 언니는 프로그래밍 같은 거 할 줄 알아요?

테트라 관심 있어서 조금 공부하고 있긴 한데, 아직 잘하진 못해요. 오늘은 **리사**가 안내해 준대요. 아직 고등학생인데도 컴퓨터나 프로그래밍에 대해선 척척박사거든요.

2-2 나라비쿠라 도서관에서

나라비쿠라 도서관 입구에서는 방금 말한 리사가 저희를 기다리고 있었어요.

새빨간 리사의 머리는 무척 눈에 띕니다. 하지만 리사 자체는 겉보기와는 달리 차분하고 조용한 성격이라 불필요한 이야기를 하지는 않아요. 꼭 필요한 것들만 간결하게 이야기합니다.

저와 유리는 그런 리사의 안내를 받으며 행사장을 돌아보게 되었습니다.

리사 스캐너와 프린터.

허스키한 목소리로 리사가 저희에게 말했습니다.

책상 위에는 기계가 두 대 나란히 놓여 있었어요. 기계라고는 해도 모두 손바닥 크기만 한 미니어처 사이즈입니다.

스캐너와 프린터

유리 종이가 기계에 끼어 있는데요?

테트라 스캐너(scanner)는 종이에 그려진 그림을 스캔(scan)하는 기계이고, 프린터(printer)는 종이 위에 그림을 프린트(print)하는 기계니까… 스캐너는 읽어내는 기계이고, 프린터는 인쇄하는 기계인 거죠.

유리 흐음….

테트라 크기가 제법 작네요.

리사 16픽셀짜리 최소 실험 키트.

테트라 ?

리사 레이아웃 1을 참조해.

리사가 가리킨 해설 패널에는 스캐너와 프린터의 전체 도면이 그려져 있었습니다.

레이아웃 1 (스캐너와 프린터)

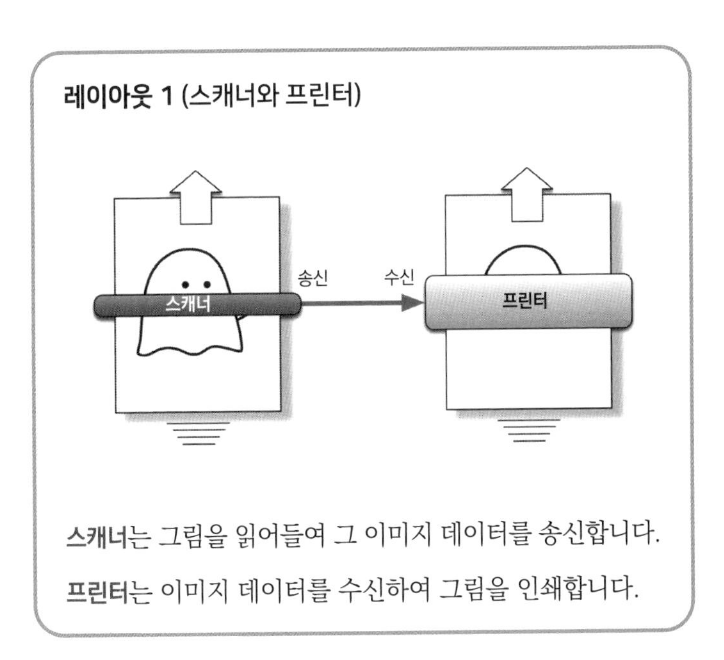

스캐너는 그림을 읽어들여 그 이미지 데이터를 송신합니다.

프린터는 이미지 데이터를 수신하여 그림을 인쇄합니다.

유리 스캐너는 종이를 움직이면서 읽어나가는 거예요?

테트라 그런 것 같네요. 스캐너는 종이를 밀어내면서 조금씩 그림을 읽어나가고, 프린터는 종이를 밀어내면서 조금씩 인쇄해 나가는 것 같아요.

리사 해설 패널을 참조해.

2-3 스캐너의 구조

스캐너의 구조

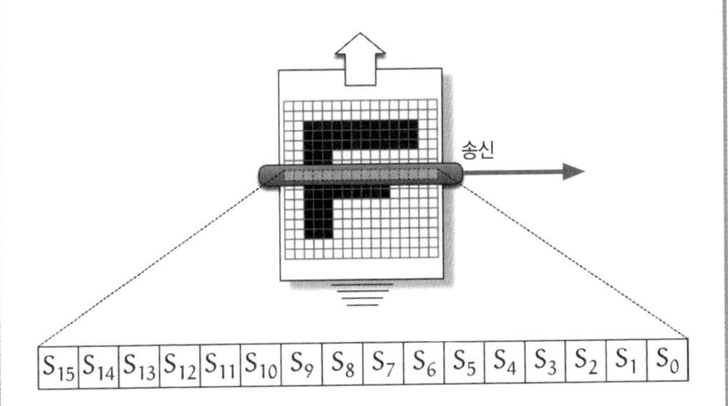

- 스캐너에는 16개의 **수광기**가 옆으로 나열되어 있습니다.
- 각각의 수광기는 그림을 읽어들여

  흰색이면 0

  검은색이면 1

  이라는 1비트의 이미지 데이터로 변환합니다.
- 스캐너는 그림을 읽어들일 때마다 16비트의 이미지 데이터를 송신하며 종이를 밀어냅니다.
- 이것을 16번 반복합니다.

유리 비트?

테트라 2진법으로 수를 나타낼 때의 한 자릿수가 1비트예요.

유리 아하, 16개의 수광기가 2진법 16자리의 수를 나타낸다는 거구나. 근데 16이라니 참, 이도 저도 아니고 어정쩡한 듯.

리사 16은 2^4이라서 깔끔하게 떨어져.

유리 아 참, 그랬지!

리사 스캐너 프로그램은 이거.

리사는 스캐너를 움직이는 프로그램인 SCAN을 보여주었습니다.

```
1: program SCAN
2:     k ← 0
3:     while k < 16 do
4:         x ← S15S14S13S12S11S10S9S8S7S6S5S4S3S2S1S0(2)
5:         〈x를 송신한다〉
6:         〈종이를 밀어낸다〉
7:         k ← k + 1
8:     end-while
9: end-program
```

유리 으악, 뭐가 이렇게 복잡해!

테트라 유리, 그런 소리 말고 소책자에 나온 해설을 차근차근 읽어보자구요. 자, 1, 2, 3, … 이렇게 순서대로…

1: **program** SCAN

여기서부터 SCAN이라는 프로그램 실행을 시작합니다.

2: $k \leftarrow 0$

변수 k에 0을 대입합니다.

3: **while** $k < 16$ **do**

반복의 시작입니다. 여기서 조건 $k < 16$가 성립되는지 여부를 변수 k의 현재 값을 이용해 알아봅니다.

- 성립될 경우, 다음 단계인 4행으로 갑니다.
- 성립되지 않을 경우, 반복의 과정을 빠져나와 9행으로 갑니다.

4: $x \leftarrow S_{15}S_{14}S_{13}S_{12}S_{11}S_{10}S_9S_8S_7S_6S_5S_4S_3S_2S_1S_{0(2)}$

그림을 읽어들입니다. 수광기 S_{15}에서 S_0까지의 16비트를 2진법 16자리의 수로 보고, 그 값을 변수 x에 대입합니다.

5: 〈x를 송신한다〉

변수 x의 값을 송신합니다.

6: 〈종이를 밀어낸다〉

종이를 밀어냅니다.

7: k ← k + 1

변수 k의 현재 값에 1을 더하고, 그 값을 변수 k에 다시 대입합니다. 이 단계를 지날 때마다 변수 k의 값은 1씩 늘어납니다.

8: **end-while**

반복 과정이 끝나는 부분입니다. 반복이 시작되는 3행으로 돌아갑니다.

9: **end-program**

프로그램 실행을 종료합니다.

유리 몇 번이나 반복을….

테트라 그러게요. 8행까지 갔다가 3행으로 되돌아가는 걸 반복하면 이렇게 되네요.

```
1
2
3 → 3 → 3 → 3 → 3 → 3 → 3 → 3 → 3 → 3 → 3 → 3 → 3 → 3 → 3 → 3 → 3
4   4   4   4   4   4   4   4   4   4   4   4   4   4   4   4   ↓
5   5   5   5   5   5   5   5   5   5   5   5   5   5   5   5
6   6   6   6   6   6   6   6   6   6   6   6   6   6   6   6
7   7   7   7   7   7   7   7   7   7   7   7   7   7   7   7
8   8   8   8   8   8   8   8   8   8   8   8   8   8   8   8
                                                                9
```

유리 우와….

테트라 7행을 지날 때마다 변수 k의 값은 0에서 1로, 1에서 2로, 2에서 3으로, …이렇게 1씩 늘어나요.

유리 7행 말인데요, k가 1 늘어나는 거니까 $k \leftarrow k+1$이 아니라 $k \rightarrow k+1$이 되어야 하는 거 아닌가요?

테트라 그게 그렇지 않아요. $k \leftarrow k+1$은 k가 어떻게 변화한다는 걸 나타낸 게 아니라, 현재의 $k+1$의 값을 알아보고 그것을 변수 k에 대입한다는 표기법이거든요.

유리 그렇구나….

테트라 1씩 늘어나다 보면 어느새 변수 k의 값이 16이 될 거예요. 거기서 다시 3행으로 돌아가면 $k < 16$은 성립되지 않잖아요. 그래서 반복을 빠져나와 9행으로 가는 거고, 실행 종료가 되는 거죠.

유리 테트라 언니, 프로그래밍 짱 잘하네요!

테트라 에이, 아니에요. 전에 조금 읽어봤을 뿐인걸요.

리사 입력 시에는 이 도면을 사용한다.

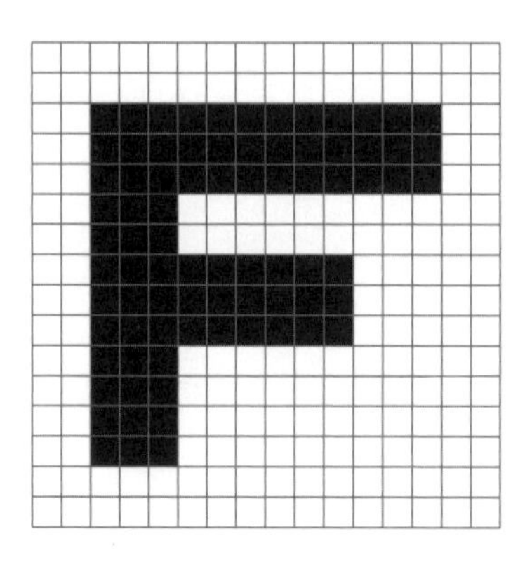

입력

유리 즉, 흰색과 검은색을 0과 1로 나타내면… 이렇게 되는 건가?

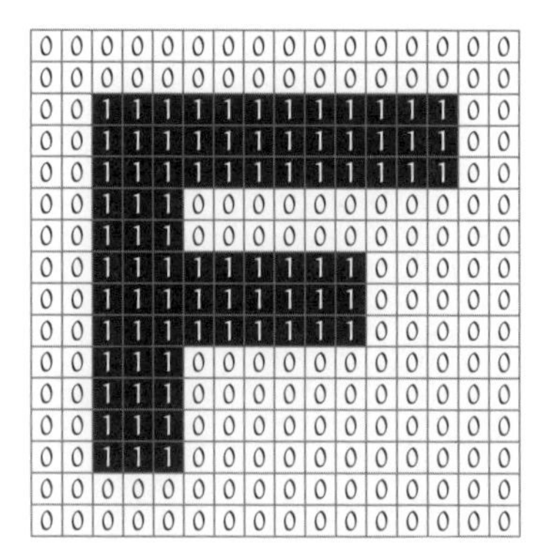

0	0	0	0	0	0	0	0	0	0	0	0	0	0	0	0
0	0	0	0	0	0	0	0	0	0	0	0	0	0	0	0
0	0	1	1	1	1	1	1	1	1	1	1	1	1	0	0
0	0	1	1	1	1	1	1	1	1	1	1	1	1	0	0
0	0	1	1	1	1	1	1	1	1	1	1	1	1	0	0
0	0	1	1	1	0	0	0	0	0	0	0	0	0	0	0
0	0	1	1	1	0	0	0	0	0	0	0	0	0	0	0
0	0	1	1	1	1	1	1	1	1	1	0	0	0	0	0
0	0	1	1	1	1	1	1	1	1	1	0	0	0	0	0
0	0	1	1	1	1	1	1	1	1	1	0	0	0	0	0
0	0	1	1	1	0	0	0	0	0	0	0	0	0	0	0
0	0	1	1	1	0	0	0	0	0	0	0	0	0	0	0
0	0	1	1	1	0	0	0	0	0	0	0	0	0	0	0
0	0	1	1	1	0	0	0	0	0	0	0	0	0	0	0
0	0	0	0	0	0	0	0	0	0	0	0	0	0	0	0
0	0	0	0	0	0	0	0	0	0	0	0	0	0	0	0

테트라 그렇겠네요.

유리 2진법 16자릿수가 16개!

리사 k값과 x값의 대응표.

k값	x값
0	$0000000000000000_{(2)}$
1	$0000000000000000_{(2)}$
2	$0011111111111100_{(2)}$
3	$0011111111111100_{(2)}$
4	$0011111111111100_{(2)}$
5	$0011100000000000_{(2)}$
6	$0011100000000000_{(2)}$
7	$0011111111100000_{(2)}$
8	$0011111111100000_{(2)}$
9	$0011111111100000_{(2)}$
10	$0011100000000000_{(2)}$
11	$0011100000000000_{(2)}$
12	$0011100000000000_{(2)}$
13	$0011100000000000_{(2)}$
14	$0000000000000000_{(2)}$
15	$0000000000000000_{(2)}$

2-4 프린터의 구조

유리 프린터도 스캐너랑 비슷한 느낌일까?

테트라 프린터는 스캐너와 정반대로 움직이겠죠? 0은 흰색을 인쇄하고, 1은 검은색을 인쇄하는 거예요.

리사 0은 인쇄하지 않아.

프린터의 구조

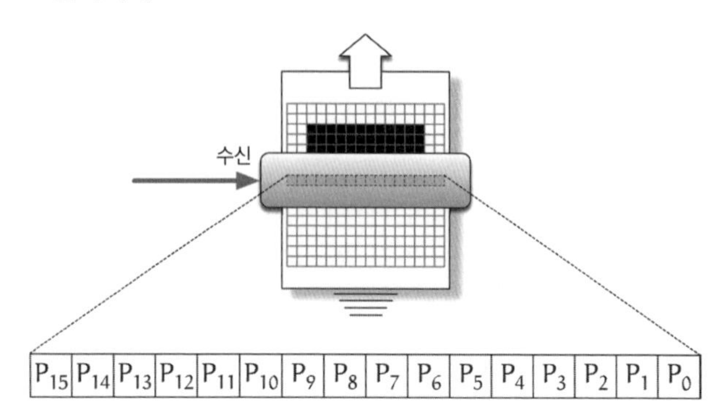

- 프린터에는 16개의 **인쇄기**가 옆으로 나열되어 있습니다.
- 프린터는 16비트의 데이터를 수신하여 각각의 인쇄기에 배분합니다.
- 인쇄기는 배분받은 1비트 값에 따라,

  0이면 아무것도 하지 않는다

  1이면 ■을 인쇄한다

  와 같이 처리합니다.
- 프린터는 16비트 분량을 인쇄할 때마다 종이를 밀어냅니다.
- 이것을 16번 반복합니다.

테트라 아, 흰 종이에 인쇄하는 거라서 0은 아무것도 안 하는 거군요.

리사 프린터를 움직이는 프로그램 PRINT.

1: **program** PRINT
2: $k \leftarrow 0$
3: **while** $k < 16$ **do**
4: $x \leftarrow$ 〈수신한다〉
5: 〈x를 $P_{15}P_{14}P_{13}P_{12}P_{11}P_{10}P_9P_8P_7P_6P_5P_4P_3P_2P_1P_{0(2)}$로 하여 인쇄한다〉
6: 〈종이를 밀어낸다〉
7: $k \leftarrow k + 1$
8: **end-while**
9: **end-program**

유리 아까 한 거랑 비슷하네.

테트라 SCAN과 PRINT는 종이를 밀어내면서 처리를 16번 반복하는 부분이 비슷하네요. 하지만,

- SCAN은 읽어 들인 데이터를 송신한다
- PRINT는 데이터를 수신해서 인쇄한다

라는 부분이 다르긴 하지만요.

2-5 실행해 보자

유리 아! 실제로 한번 해 보고 싶다! 이 종이를 스캐너에 넣는 거죠? 유리가 해 볼래요!

리사 프린터에는 백지를 넣는다.

유리와 저는 F라고 쓰여 있는 입력지를 스캐너에 넣고, 아무것도 쓰여 있지 않은 백지를 프린터에 넣었습니다. 그러자 스캐너와 프린터가 움직이면서 인쇄가 시작되었습니다.

유리 됐다! 근데 이건 그냥 복사기잖아요. 똑같은걸.

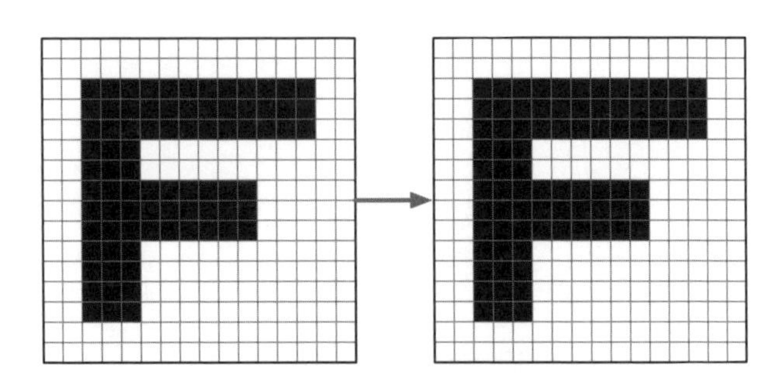

스캐너에 입력한 것과 프린터로부터 출력한 것

리사 사이에 **필터**를 끼우지 않았으니까.

유리 필터요?

테트라 필터(filter)…?

2-6 필터의 구조

리사 레이아웃 2를 참조해.

레이아웃 2 (필터)

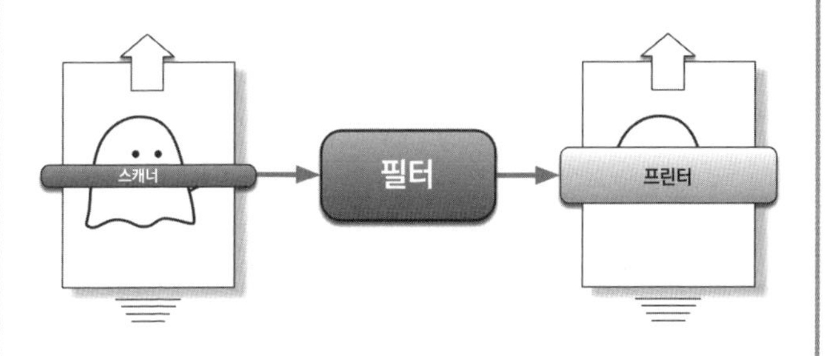

- 스캐너와 프린터 사이에 **필터**를 끼울 수 있습니다.
- 필터는 16비트의 수를 16개 수신하여, 16비트의 수를 16개 송신하는 프로그램입니다.
- 필터를 사용하여 이미지를 변환해 봅시다.

유리 무슨 말이지?

테트라 그렇군요. 아까는 스캐너와 프린터가 직접 연결되어 있었잖아요. 그래서 스캐너가 읽어들인 것과 똑같은 그림이 프린터에서 나온 거예요.

유리 복사기처럼요?

테트라 맞아요. 하지만 프린터는 수신한 데이터에 따라 인쇄하는 거라서, 도중에 그 데이터를 다른 것으로 변환해 버리면 다른 그림이 인쇄되는 거지요.

유리 변환이요?

테트라 데이터를 다시 쓴다는 말이에요. 즉, 다른 수로 바꿔버리는 거죠. 스캐너는 데이터를 일단 필터로 보내고, 필터는 그걸 변환해서 프린터에 보냅니다. 프린터는 전달받은 데이터를 인쇄하고요. 데이터를 보낸 게 스캐너인지 필터인지는 신경도 안 쓰죠. 순진무구한 프린터 씨는.

유리 데이터를 전부 다 1111111111111111로 만들어 버린다거나?

테트라 그렇죠. 그렇게 하면 한 면 전체가 새카매지겠지만요….

2-7 2로 나누기

리사 2로 나누어서 소수점 이하를 버리는 필터 DIVIDE2.

```
1: program DIVIDE2
2:     k ← 0
3:     while k < 16 do
4:         x ← 〈수신한다〉
5:         x ← x div 2
6:         〈x를 송신한다〉
7:         k ← k + 1
8:     end-while
9: end-program
```

테트라 필터라서 〈수신한다〉와 〈x를 송신한다〉가 둘 다 적혀 있는 거군요.

유리 언니, x div 2가 나눗셈이에요?

리사 x div 2는 x를 2로 나눈 후 소수점 이하를 버리는 것.

8 div 2 = 4	8 ÷ 2 = 4에서 소수점 이하를 버리면 4
7 div 2 = 3	7 ÷ 2 = 3.5에서 소수점 이하를 버리면 3

테트라 x가 짝수라면 x div 2는 일반 나눗셈인 거네요.

유리 그래서, DIVIDE2를 사이에 끼워 넣으면 어떻게 되는데요? 그림이 반쪽이 되는 거예요?

테트라 한번 해 보자구요!

저희는 스캐너와 프린터 사이에 필터 DIVIDE2를 끼워서 실행했습니다.

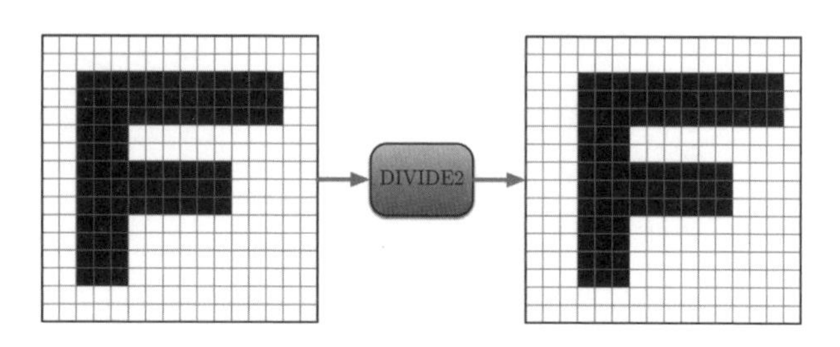

DIVIDE2를 실행한 결과

테트라 한 칸씩 오른쪽으로 밀렸네요.

유리 x div 2라는 계산으로 그림이 움직이는구나….

2-8 1비트 오른쪽 시프트하기

리사 필터 RIGHT로 1비트 오른쪽 시프트를 해도 DIVIDE2

와 같아.

```
1: program RIGHT
2:     k ← 0
3:     while k < 16 do
4:         x ← 〈수신한다〉
5:         x ← x ≫ 1
6:         〈x를 송신한다〉
7:         k ← k + 1
8:     end-while
9: end-program
```

테트라 $x \gg 1$이 1비트 오른쪽 시프트를 말하는 거군요.

유리 잠깐, 잠깐! 1비트 오른쪽 시프트가 뭔데요?

리사 x를 1비트만큼 오른쪽 시프트한 것이 $x \gg 1$.

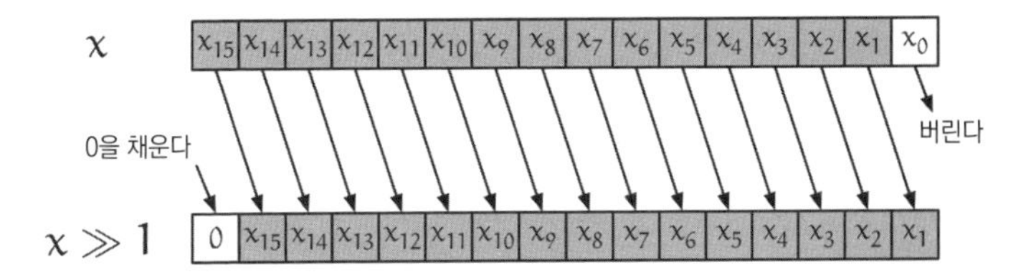

유리 아하, 오른쪽으로 밀어내는 거구나.

리사 1비트 오른쪽 시프트를 하면 **최상위 비트**에는 0이 들어간다.

테트라 최상위 비트라는 것은 맨 왼쪽에 있는 비트를 말하는 거군요.

리사 **최하위 비트**는 버려진다.

유리 x div 2와 $x \gg 1$가 같아지는 거예요?

테트라 구체적인 수를 가지고서 생각해 보자구요. 으음, 뭐가 좋을까요. 예를 들어 8을 2진법으로 나타내면….

유리 2진법으로 바꾸면 $8 = 1000_{(2)}$예요!

유리는 손가락을 빠르게 움직이면서 그렇게 답했습니다.

테트라 유리, 계산 빠른데요!

유리 헤헷!

테트라 8을 2로 나누면 4네요. 4를 2진법으로 나타내면….

유리 $4 = 100_{(2)}$가 돼요. 앗, 정말이네! 1비트 오른쪽 시프트가 됐어요!

$$8 = 0000000000001000_{(2)}$$

$$8 \text{ div } 2 = 4 = 0000000000000100_{(2)}$$

테트라 $x = 7$일 경우도 시험해 봐요!

$$7 = 0000000000000111_{(2)}$$

$$7 \text{ div } 2 = 3 = 0000000000000011_{(2)}$$

유리 1비트 오른쪽 시프트가 됐네!

2-9 2비트 오른쪽 시프트하기

리사 일반적으로 $x \gg n$이 가능해.

테트라 그렇다는 건, $x \gg 1$을 $x \gg 2$로 바꾸면 2비트 오른쪽 시프트가 되는 거네요.

리사 필터 RIGHT2를 사용해.

```
1: program RIGHT2
2:     k ← 0
3:     while k < 16 do
4:         x ← 〈수신한다〉
5:         x ← x ≫ 2
6:         〈x를 송신한다〉
7:         k ← k + 1
8:     end-while
9: end-program
```

리사는 필터를 RIGHT2로 바꾸어 실행했습니다.

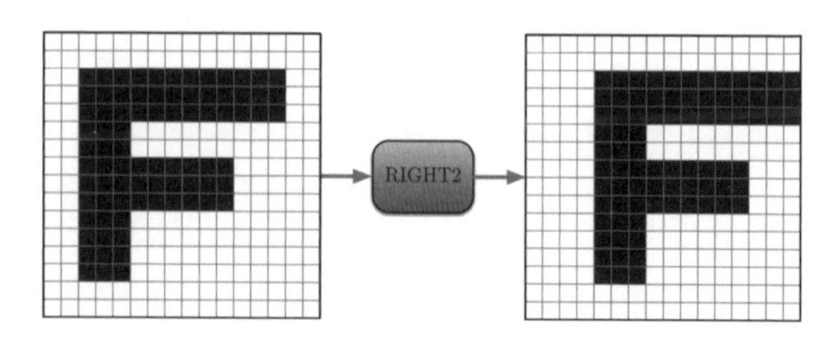

RIGHT2를 실행한 결과

유리 흠흠. 2개 밀려 나갔다! 무슨 말인지 알겠어요.

2-10 1비트 왼쪽 시프트하기

테트라 오른쪽 시프트가 있다면 왼쪽 시프트도 있는 걸까요?

리사 필터 LEFT.

```
1: program LEFT
2:     k ← 0
3:     while k < 16 do
4:         x ← 〈수신한다〉
5:         x ← x ≪ 1
6:         〈x를 송신한다〉
7:         k ← k + 1
8:     end-while
9: end-program
```

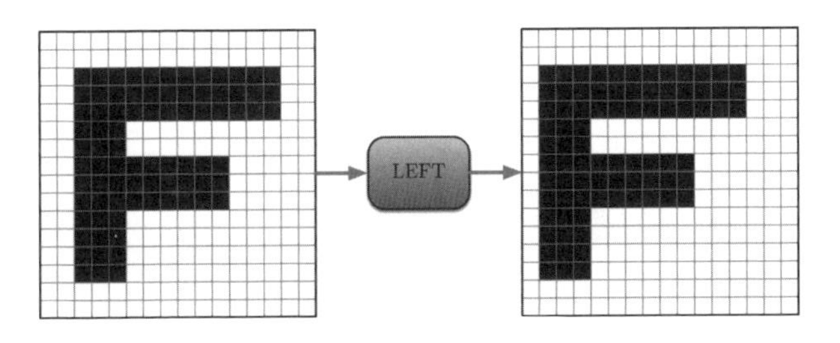

LEFT를 실행한 결과

테트라 정말, 왼쪽으로 1개 밀려났네요!

2-11 비트 반전하기

유리 좌우로 움직이는 것 말고, 또 할 수 있는 건 없어요?

리사 비트 반전 필터 COMPLEMENT.

```
1:  program COMPLEMENT
2:      k ← 0
3:      while k < 16 do
4:          x ← 〈수신한다〉
5:          x ← x̄
6:          〈x를 송신한다〉
7:          k ← k + 1
8:      end-while
9:  end-program
```

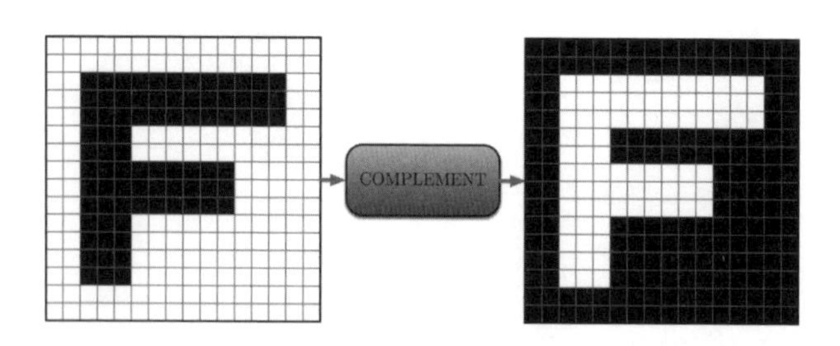

COMPLEMENT를 실행한 결과

유리 오-! 흰색과 검은색이 서로 바뀌었어!

테트라 $\overline{x}$는 x의 각 비트의 0과 1을 반전시키는 거군요.

비트 반전 (1의 보수)

$\overline{0} = 1$	0이면 1
$\overline{1} = 0$	1이면 0

리사 $1111111111111111_{(2)}$와 비트 단위의 배타적 논리합을 사용해도 같아.

```
1:  program COMPLEMENT-XOR
2:      k ← 0
3:      while k < 16 do
4:          x ← 〈수신한다〉
5:          x ← x ⊕ 1111111111111111(2)
6:          〈x를 송신한다〉
7:          k ← k + 1
8:      end-while
9:  end-program
```

비트 단위의 배타적 논리합

$0 \oplus 0 = 0$	일치하면 0
$0 \oplus 1 = 1$	일치하지 않으면 1
$1 \oplus 0 = 1$	일치하지 않으면 1
$1 \oplus 1 = 0$	일치하면 0

테트라 그렇군요. $x \oplus 1$이라는 건 $\overline{x}$와 같은 결과가 되는 거네요.

리사 x가 1비트일 경우 그래.

x	$\overline{x}$	$x \oplus 1$
0	1	1
1	0	0

유리 x가 1비트가 아니면요?

리사 x가 1비트가 아닐 경우, $x \oplus 1$은 최하위 비트만 반전해.

유리 으음… 그러니까….

리사 비트 단위의 배타적 논리합이니까 1인 부분만 비트가 반전하는 거야.

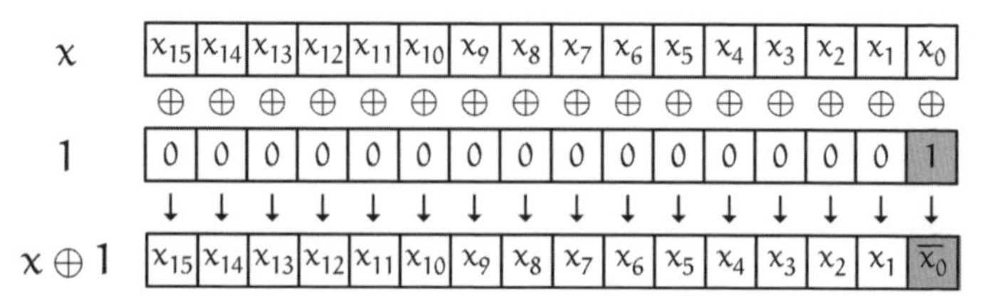

유리 앗, 그렇게 되는 거였구나!

2-12 간식 시간

돌아다니느라 조금 피곤해져서, 저희는 잠시 쉬기로 하고 쿠키를 먹었습니다.

테트라 흰색과 검은색이 0과 1이 된다는 게 재미있네요. 일단 0과 1이 되어버리면, 그 후엔 계산하기만 하면 그림이 바뀌니 말이에요.

유리 2로 나누어서 소수점 이하를 버리는 거랑 1비트 오른쪽 시프트가 같다는 건 뜻밖이었어요!

테트라 2로 나누어 소수점 이하를 버린다는 건, 2로 나눈 나머지를 무시하는 거랑 같네요.

유리 그러고 보니 미르카 님이 안 보이네?

리사 독감.

유리 우리 오빠도 독감 걸렸는데! 유행인가 봐요.

리사 ….

테트라 ….

리사 다음은 퀴즈 코너.

유리 퀴즈다!

2-13 왼쪽 반쪽과 오른쪽 반쪽을 교환하기

●●● **문제 2-1 (왼쪽 반쪽과 오른쪽 반쪽의 교환)**

왼쪽 반쪽과 오른쪽 반쪽을 교환하는 필터 SWAP을 만드시오.

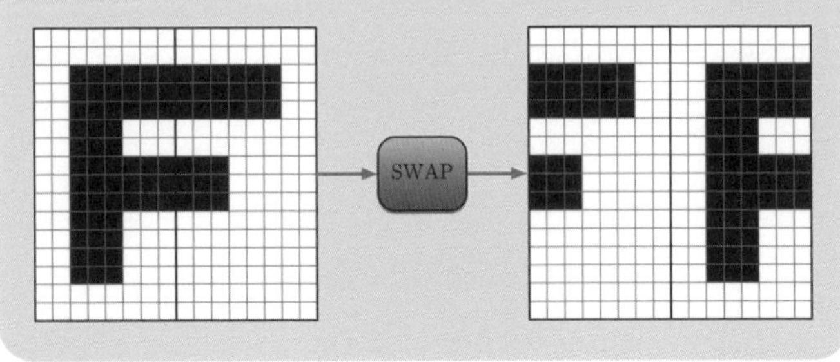

테트라 왼쪽과 오른쪽을 8비트씩 교환하면 되는 거죠…?

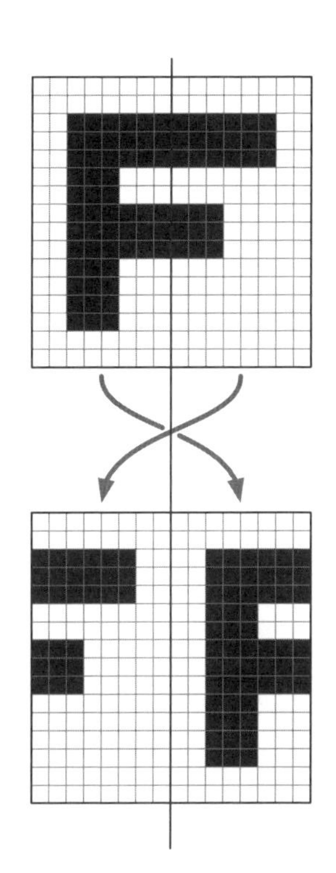

유리 이런 거 지금까지 나온 적 있던가?

테트라 이럴 때야말로 폴리아 선생님의 질문을 활용해야겠죠? '비슷한 문제를 알고 있는가'.

유리 비슷한 문제….

테트라 $x \gg 8$로 왼쪽에 있는 8비트는 오른쪽으로 이동할 수 있어요.

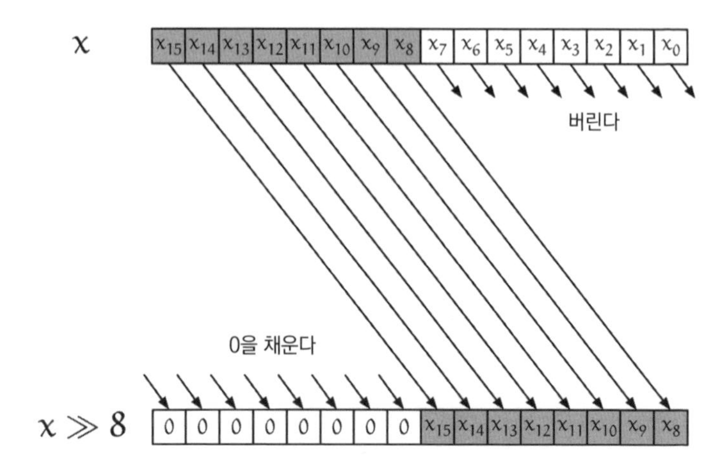

유리 하지만 그렇게 하면 오른쪽 8비트가 흘러가 버리는데!

테트라 오른쪽 8비트는 $x \ll 8$로 왼쪽으로 이동할 수 있잖아요.

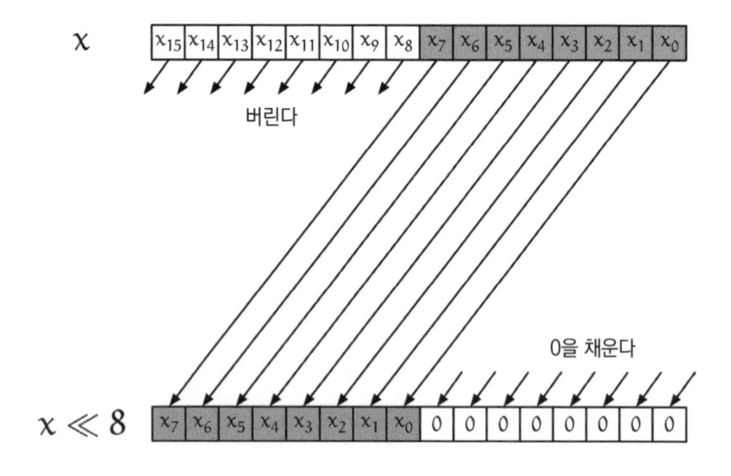

유리 나머지는 합치면 되고… 알았다! 덧셈이네!

$$(x \gg 8) + (x \ll 8)$$

리사 비트 단위의 논리합도 돼.

$$(x \gg 8) \mid (x \ll 8)$$

비트 단위의 논리합

$0 \mid 0 = 0$ 양쪽 모두 0일 때만 0

$0 \mid 1 = 1$

$1 \mid 0 = 1$

$1 \mid 1 = 1$

문제 2-1 (왼쪽 반쪽과 오른쪽 반쪽의 교환)

```
1: program SWAP
2:     k ← 0
3:     while k < 16 do
4:         x ← 〈수신한다〉
5:         x ← (x ≫ 8) | (x ≪ 8)
6:         〈x를 송신한다〉
7:         k ← k + 1
8:     end-while
9: end-program
```

유리 $(x \gg 8) + (x \ll 8)$이어도 같은 거죠?

테트라 $x \gg 8$과 $x \ll 8$은 어느 쪽을 봐도 두 비트 중 하나는 0이 되니까 $(x \gg 8) \mid (x \ll 8)$이든 $(x \gg 8) + (x \ll 8)$이든 같겠네요.

$x \gg 8$	0	0	0	0	0	0	0	0	x_{15}	x_{14}	x_{13}	x_{12}	x_{11}	x_{10}	x_9	x_8
$x \ll 8$	x_7	x_6	x_5	x_4	x_3	x_2	x_1	x_0	0	0	0	0	0	0	0	0

리사 받아올림이 생기지 않는다면 같아.

유리 받아올림이 생기지 않는다면….

테트라 일반적인 덧셈에서는 $1_{(2)} + 1_{(2)} = 10$으로 받아올림이 생기게 되지만 비트 단위의 논리합에서는 $1 \mid 1 = 1$이 돼요. 일반적인 덧셈과 비트 단위의 논리합은 그 부분만 차이가 나기 때문에, 받아올림이 생기지 않을 때에 한해서 일반적인 덧셈과 비트 단위의 논리합은 계산이 같아진다는 거군요.

유리 앗, 그런 거구나.

2-14 좌우 반전하기

리사 다음 퀴즈.

●●● **문제 2-2 (좌우 반전)**

좌우를 반전시키는 필터 REVERSE를 만드시오.

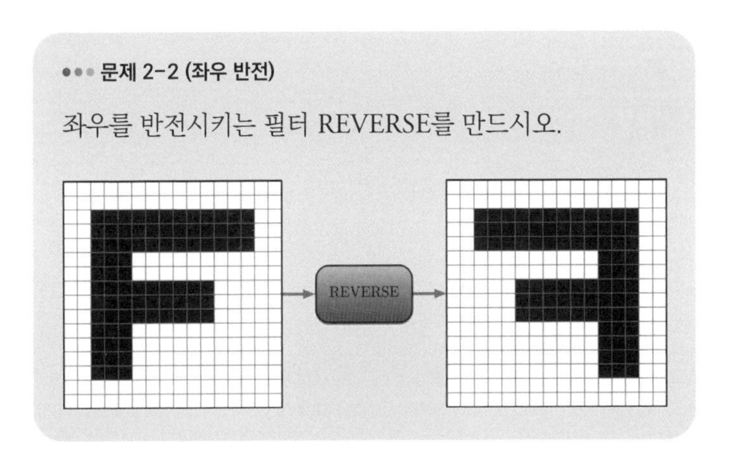

유리 알겠다! 쉽네!

테트라 유리, 엄청 빠른데요!

유리 이런 식으로 하면 되잖아요!

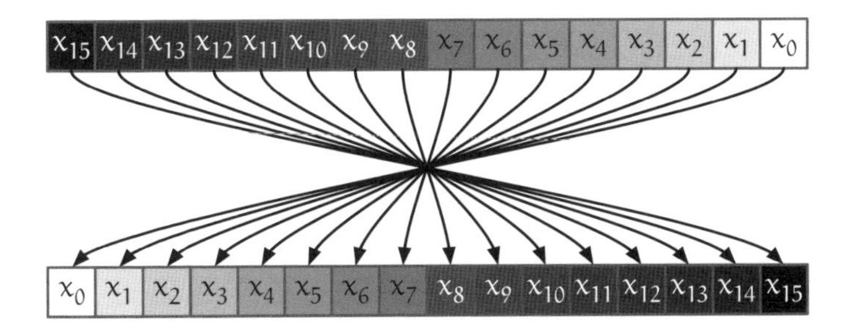

테트라 그건 그렇지만, 수신한 수에 대해 어떤 필터로 계산을 하면 이런 식으로 좌우가 반전되는 걸까요?

유리 그건… 지금부터 생각하려구요.

테트라 그래요… 다시 한 번 '비슷한 문제를 알고 있는가'를 물어보면 어때요?

유리 알았다! 조금 전에 필터 SWAP에서 왼쪽 8비트와 오른쪽 8비트를 교환했잖아요. 그거랑 똑같이 생각하면 되지!

테트라 $x \gg n$으로 n비트만큼 오른쪽으로 이동시킬 수 있어요.

유리 그렇다면 $x \gg 15$로 왼쪽 끝에 있는 x_{15}는 맨 오른쪽으로 오겠네!

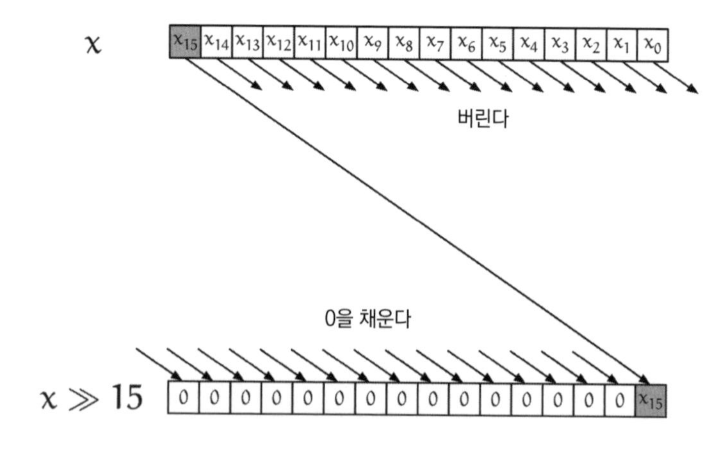

테트라 네. x_{15}는 그렇게 하면 되지만….

유리 $x \gg 13$으로 하면 x_{14}는 오른쪽에서 두 번째 자리로 가는데요?

테트라 아뇨, 그럼 안 되잖아요. x_{14}는 그 말대로 오른쪽에서 두 번째 자리로 이동하지만, x_{15}나 x_{13}은 남아버리니까요.

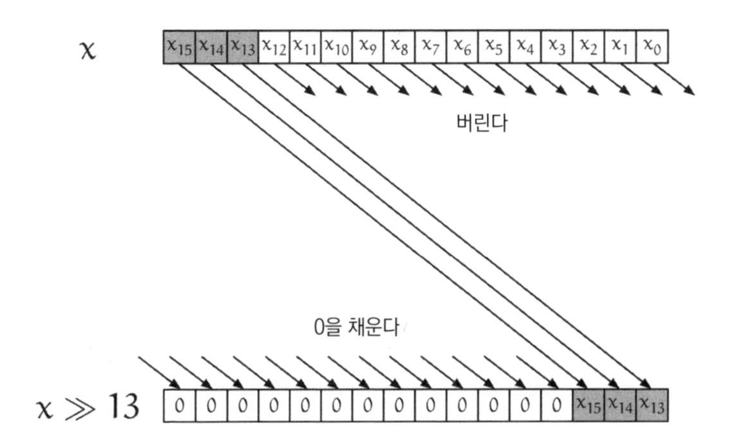

유리 그렇구나! x_{14}만 딱 남아주면 참 좋겠는데.

리사 비트 단위의 논리곱을 사용해.

비트 단위의 논리곱

$0 \mathbin{\&} 0 = 0$

$0 \mathbin{\&} 1 = 0$

$1 \mathbin{\&} 0 = 0$

$1 \mathbin{\&} 1 = 1$ 양쪽 모두 1일 때만 1

테트라 비트 단위의 논리곱을 사용… 양쪽 모두 1일 때만 1이 된다….

유리 어떻게 하는 건데요?

리사 $0000000000000010_{(2)}$를 사용해.

테트라 아, 알았어요! 이렇게 하면 x_{14}만 따로 빼낼 수 있어요.

$x \gg 13$	0	0	0	0	0	0	0	0	0	0	0	0	0	x_{15}	x_{14}	x_{13}
	&	&	&	&	&	&	&	&	&	&	&	&	&	&	&	&
$0000000000000010_{(2)}$	0	0	0	0	0	0	0	0	0	0	0	0	0	0	1	0
	↓	↓	↓	↓	↓	↓	↓	↓	↓	↓	↓	↓	↓	↓	↓	↓
$(x \gg 13) \mathbin{\&} 0000000000000010_{(2)}$	0	0	0	0	0	0	0	0	0	0	0	0	0	0	x_{14}	0

유리 그렇구나! 1이 있는 부분만 남네!

리사 필터 REVERSE.

●●● 해답 2-2a (좌우 반전)

```
 1 : program REVERSE
 2 :     k ← 0
 3 :     while k < 16 do
 4 :         x ← 〈수신한다〉
 5 :         y ← 0000000000000000(2)
 6 :         y ← y | ((x ≫ 15) & 0000000000000001(2))
 7 :         y ← y | ((x ≫ 13) & 0000000000000010(2))
 8 :         y ← y | ((x ≫ 11) & 0000000000000100(2))
 9 :         y ← y | ((x ≫  9) & 0000000000001000(2))
10 :         y ← y | ((x ≫  7) & 0000000000010000(2))
11 :         y ← y | ((x ≫  5) & 0000000000100000(2))
12 :         y ← y | ((x ≫  3) & 0000000001000000(2))
13 :         y ← y | ((x ≫  1) & 0000000010000000(2))
14 :         y ← y | ((x ≫  1) & 0000000100000000(2))
15 :         y ← y | ((x ≫  3) & 0000001000000000(2))
16 :         y ← y | ((x ≫  5) & 0000010000000000(2))
17 :         y ← y | ((x ≫  7) & 0000100000000000(2))
18 :         y ← y | ((x ≫  9) & 0001000000000000(2))
19 :         y ← y | ((x ≫ 11) & 0010000000000000(2))
20 :         y ← y | ((x ≫ 13) & 0100000000000000(2))
21 :         y ← y | ((x ≫ 15) & 1000000000000000(2))
22 :         〈y를 송신한다〉
23 :         k ← k + 1
24 :     end-while
25 : end-program
```

테트라 그렇군요. 식 하나로 정리하지 않아도 상관없는 거군요…. 그나저나 프로그램 크기가 어마어마하네요.

유리 그래도 2진법이라서 패턴이 보여요! 1이 사선으로 쭉 늘어서 있다구.

리사 REVERSE-TRICK은 좌우 반전의 또 다른 풀이.

해답 2-2b (좌우 반전)

```
 1 : program REVERSE-TRICK
 2 :     M1 ← 0101010101010101(2)
 3 :     M2 ← 0011001100110011(2)
 4 :     M4 ← 0000111100001111(2)
 5 :     M8 ← 0000000011111111(2)
 6 :     k ← 0
 7 :     while k < 16 do
 8 :         x ← 〈수신한다〉
 9 :         x ← ((x & M1) ≪ 1 | ((x ≫ 1) & M1)
10 :         x ← ((x & M2) ≪ 2 | ((x ≫ 2) & M2)
11 :         x ← ((x & M4) ≪ 4 | ((x ≫ 4) & M4)
12 :         x ← ((x & M8) ≪ 8 | ((x ≫ 8) & M8)
13 :         〈x를 송신한다〉
14 :         k ← k + 1
15 :     end-while
16 : end-program
```

테트라 이건… 무슨 일이 일어나고 있는 거죠?

리사 트릭을 사용한 거야.

유리 이걸로 정말 좌우 반전이 된다는 거예요?

테트라 2행부터 신기한 수가 등장하네요. M_1은 0과 1이 교대로 나오고 있어요. M_2는 00과 11이 교대로 나오네요.

유리 M_4는 0000이랑 1111이 번갈아 가면서 나오고, M_8은 0과 1이 8개씩 늘어서 있어요.

테트라 9행부터 4단계에 걸쳐서 x를 좌우 반전시키고 있는 것 같은데….

유리 테트라 언니! 나 이 트릭 해독해보고 싶어요!

테트라 그, 그러게요….

저와 유리는 필터 REVERSE-TRICK을 해독하기 위하여, 함께 그림을 그리면서 프로그램을 읽어나가다가… 놀라움을 금치 못했습니다.

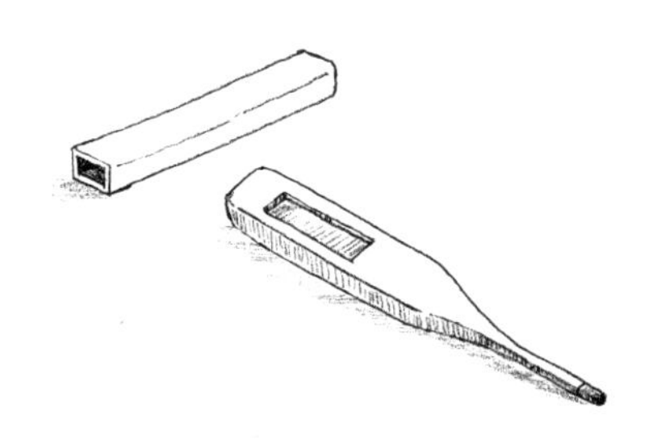

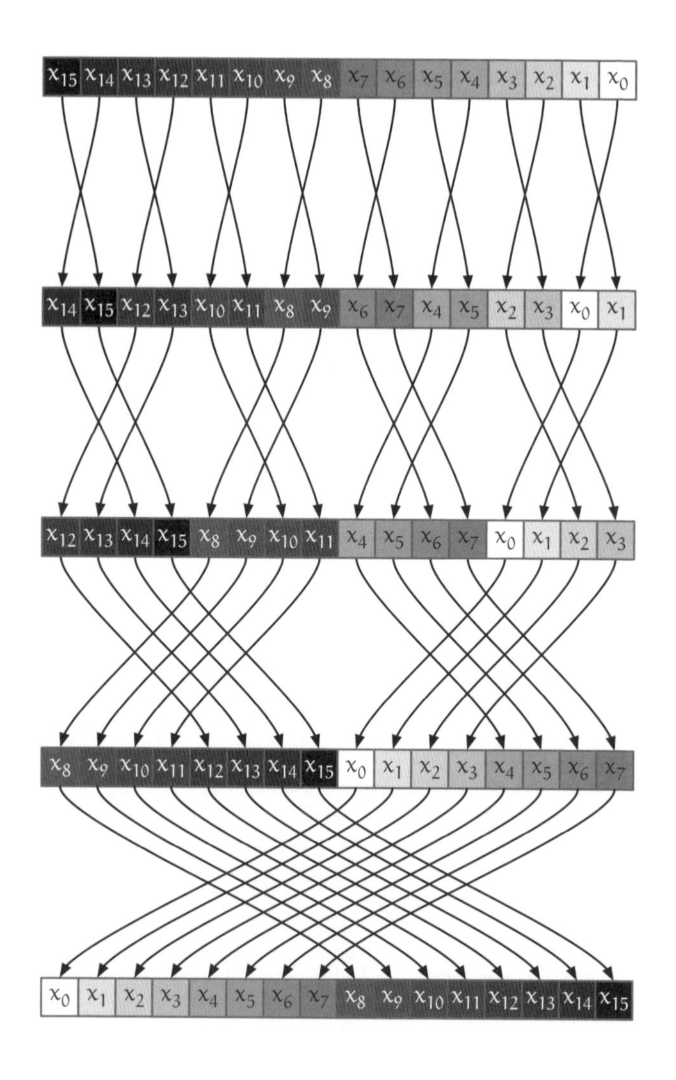
x_{15} x_{14} x_{13} x_{12} x_{11} x_{10} x_9 x_8 x_7 x_6 x_5 x_4 x_3 x_2 x_1 x_0
x_{14} x_{15} x_{12} x_{13} x_{10} x_{11} x_8 x_9 x_6 x_7 x_4 x_5 x_2 x_3 x_0 x_1
x_{12} x_{13} x_{14} x_{15} x_8 x_9 x_{10} x_{11} x_4 x_5 x_6 x_7 x_0 x_1 x_2 x_3
x_8 x_9 x_{10} x_{11} x_{12} x_{13} x_{14} x_{15} x_0 x_1 x_2 x_3 x_4 x_5 x_6 x_7
x_0 x_1 x_2 x_3 x_4 x_5 x_6 x_7 x_8 x_9 x_{10} x_{11} x_{12} x_{13} x_{14} x_{15}

유리 이게 뭐야! 웃기다!

테트라 비트를 교환하는 뭉텅이 크기가 점점 커지고 있네요. 1비트 단위, 2비트 단위, 4비트 단위, 8비트 단위, 이렇게….

유리 프로그래밍은 엄청 재밌는 거구나!

2-15 필터 겹치기

리사 레이아웃 3을 참조해.

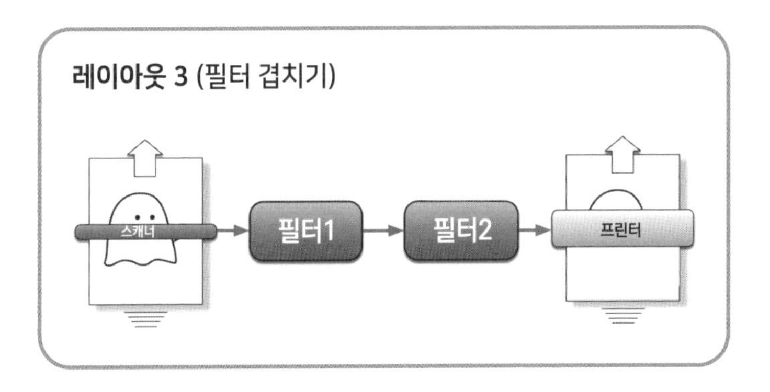

테트라 이렇게 쓸 수도 있군요.

저희는 필터 RIGHT를 2개 겹쳐 보았습니다.

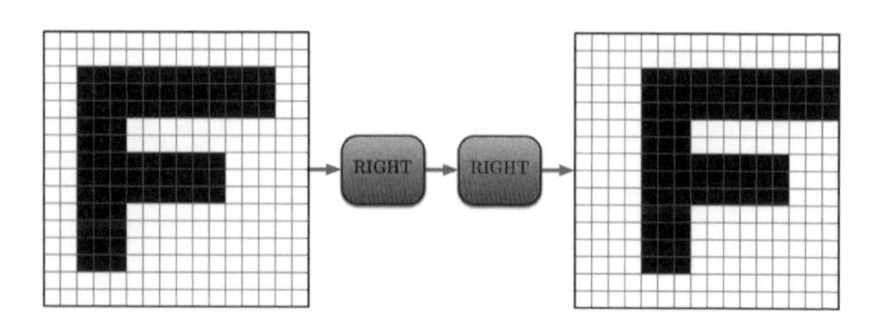

필터 〈RIGHT〉를 두 개 겹침

유리 이거, 필터 RIGHT2랑 똑같네요.

테트라 $x \gg 1$을 두 번 반복한 게 되니까, $x \gg 2$와 같아졌나 봐요.

2-16 2개 입력 필터

리사 레이아웃 4를 참조해.

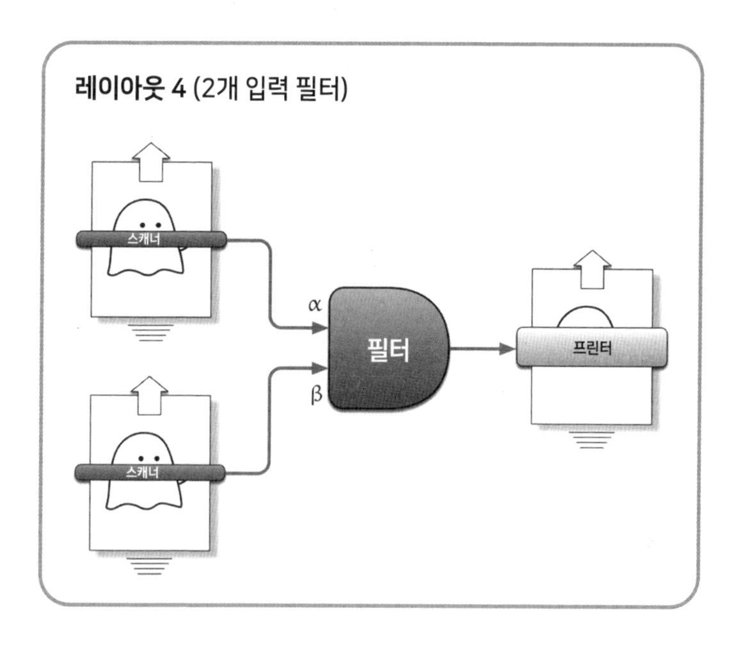

테트라 2개 입력 필터 같은 것도 할 수 있다니요!

리사 2개 입력 필터 AND의 프로그램.

```
1:  program AND
2:      k ← 0
3:      while k < 16 do
4:          a ← 〈α로부터 수신한다〉
5:          b ← 〈β로부터 수신한다〉
6:          x ← a & b
7:          〈x를 송신한다〉
8:          k ← k + 1
9:      end-while
10: end-program
```

리사 실행.

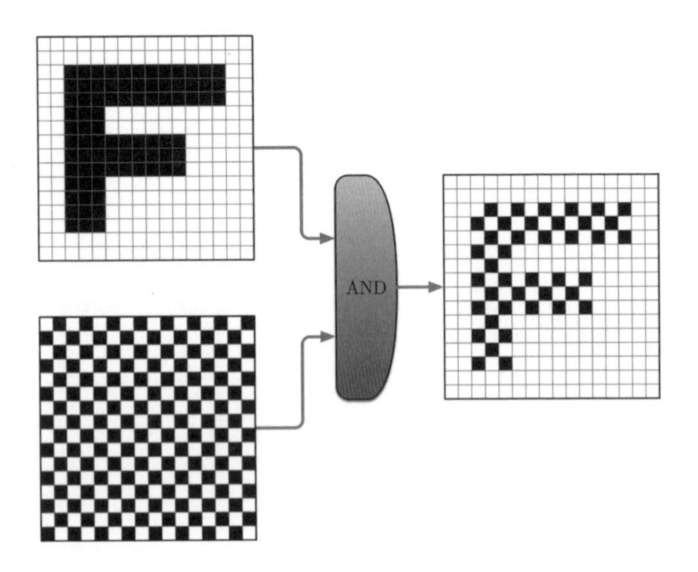

유리 헉! 이, 이건…!

2-17 테두리만 남기기

유리 리사 언니 짱이다!

리사 …(으흠).

유리 이거 말고도 또 재밌는 퀴즈 있어요?

리사 어려운 거라면.

유리 알려줘요!

리사 테두리만 남기기.

문제 2-3 (테두리만 남기기)

다음과 같이 이미지의 테두리만 남기려면 어떤 필터를 만들어서 어떤 레이아웃으로 만들어야 하는가?

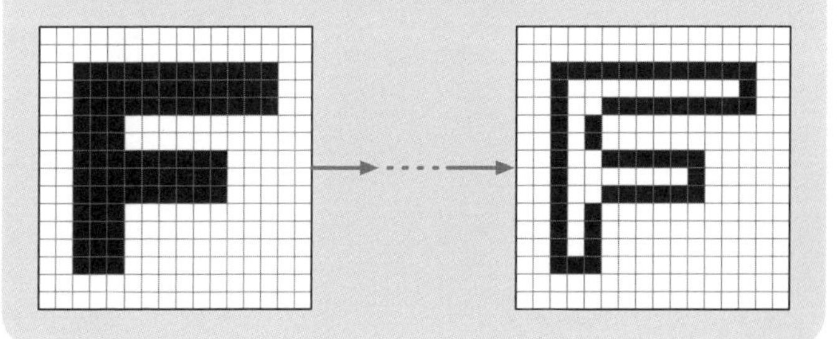

테트라 그렇군요. 테두리만 남기는 필터라는 거군요.

유리 어떻게 하는 건데요?

테트라 '비슷한 문제를 알고 있는가'를 써 볼 수 있을까요?

유리 아까는 비트 단위의 논리곱을 써서 1비트만 남겼었잖아요. 그거랑 같은 방식으로 '테두리를 남기는' 건가?

테트라 하지만 테두리가 어딘지 알아볼 필요가 있겠네요.

유리 그런 건 딱 보면 척이잖아요?

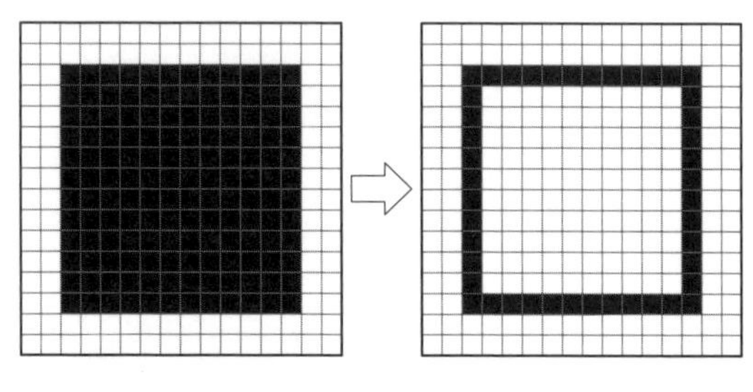

딱 보면 척?

테트라 저희야 보면 알 수 있지만, 프로그램 씨는 볼 수 없잖아요. 테두리가 어디 있는지 알아보려면 계산해서 찾아내야 해요.

유리 딱 보면 바로 알 수 있는데도?

테트라 저희가 테두리의 위치를 알 수 있는 건 어째서일까요?

유리 그야 흰색과 검은색의 경계선이 테두리니까요.

테트라 그렇다는 건, 계산으로 경계선을 찾아낼 수도…?

유리 0이랑 1이 쭉 늘어서 있는 곳이 경계선이잖아요.

테트라 그렇죠….

저와 유리는 잠시 생각했습니다.

유리 모르겠어요!

테트라 잠깐만요. 저 왠지 알 것 같아요. 비트 단위의 논리곱을 사용하면 할 수 있을 것 같은데… 왜냐하면 비트 단위의 논리곱은 '양쪽 모두 1일 때만 1'이라는 계산이잖아요.

유리 그런데요…?

테트라 '양쪽 모두 1일 때만 1'이라는 거, 테두리만 남기기를 할 때 활용할 수 있을 것 같은 생각이 드는데요!

유리 어째서요?

테트라 유리는 아까 테두리만 남긴다고 생각했는데요, **테두리만 남기는 건 안쪽을 지우는 것과 같다**고 생각해 보면 어떨까요?

유리 '안쪽을 지운다'라는 게… '테두리만 남긴다'랑 같은 말 아닌가?

리사 정의.

리사가 갑자기 소리를 내는 바람에, 저는 화들짝 놀라고 말았습니다.

테트라 정의…? 아아, 그렇네요. **'정의로 되돌아가라'**라는 말을 잊고 있었어요. '안쪽'과 '테두리'를 제대로 정의하지 않으면 생각의 토대부터 흔들리게 되네요. 제가 생각한 '안쪽'이라는 건, 양옆이 1인 비트를 말하는 거예요. 즉, 3비트가 늘어서 있고, 왼쪽과 오른쪽이 1일 때의 가운뎃부분, 그것을 '안쪽'이라고 정의해 볼게요. 이 부분이에요.

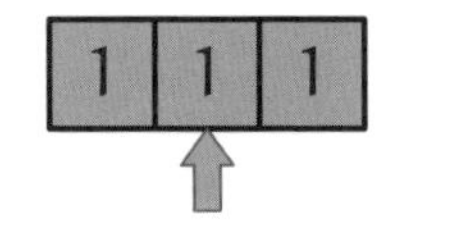

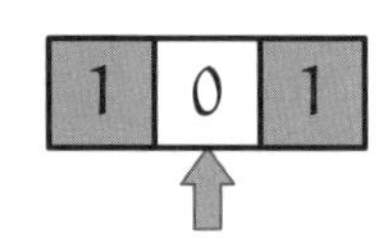

유리 어엇….

테트라 '안쪽'과 '테두리'와 '바깥쪽'을 이렇게 정의합니다.

'안쪽'	자기 자신은 0이든 1이든 상관없지만, 양옆이 1인 비트
'테두리'	'안쪽' 이외에 자기 자신이 1인 비트
'바깥쪽'	'안쪽' 이외에 자기 자신이 0인 비트

테트라 이걸로 '안쪽'을 모두 0으로 만들면 테두리만 남기기가 되는 거지요.

유리 엥? 잘 모르겠어요!

테트라 괜찮아요. 지금 예시를 만들어 볼게요. 예를 들면,

$$x = 1001111110001010$$

라는 비트 패턴으로 생각해 보죠. '안쪽'을 0으로 만들고 싶지 않아요?

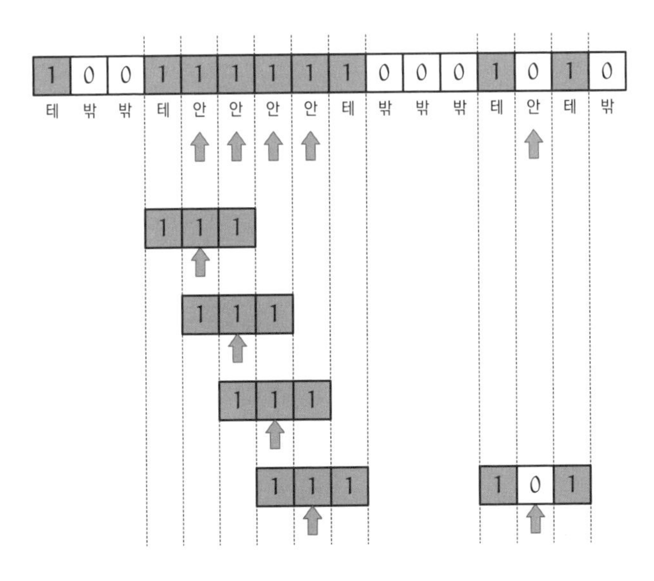

유리 그렇네! 듣고 보니 '안쪽'을 0으로 만들고 싶어져요!

테트라 이미 0인 것도 있긴 하지만 어쨌든 '안쪽'을 0으로 만들면 테두리만 잘 남길 수 있을 것 같지 않아요?

유리 그래서? 이 '안쪽'을 계산해서 찾아내는 거예요?

테트라 네. 비트 단위의 논리곱은 '양쪽 모두 1일 때만 1'이 된다고 계산하잖아요. 그래서 '양옆이 1인' 비트를 찾아내는 데 활용할 수 있지 않을까 하고 생각한 거예요.

유리 '안쪽'을 찾아내기 위해… 그렇구나.

저와 유리는 이것저것 써 보며 생각했습니다.

테트라 …알아냈어요! $x \gg 1$이랑 $x \ll 1$과의 비트 단위의 논리곱을 구하면 되는 거예요. 그렇게 하면 자신의 양옆이 1인지 여부를 알 수 있어요!

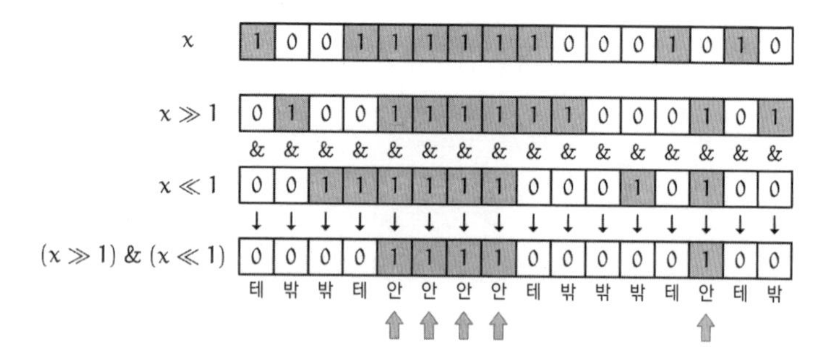

유리 근데, 잠깐만, 테트라 언니. 이렇게 되면 '안쪽'이 1이 되어 버리는데? '안쪽'을 지울 거면 1이 아니라 0으로 해야….

테트라 전체를 비트 반전시키는 거예요! 그렇게 하면 '안쪽'만 0이 돼요.

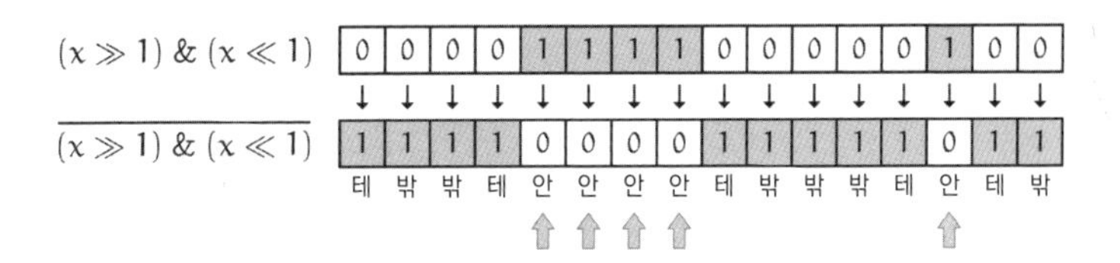

유리 앗, 안 돼. 이렇게 하면 '테두리'뿐 아니라, '바깥쪽'까지 1이 되어 버린다구요!

테트라 괜찮아요. x와 비트 단위의 논리곱을 빼면 돼요! 그렇게 하면 '바깥쪽'은 0이 되어서 '테두리(외곽선)'만 남게 되니까요.

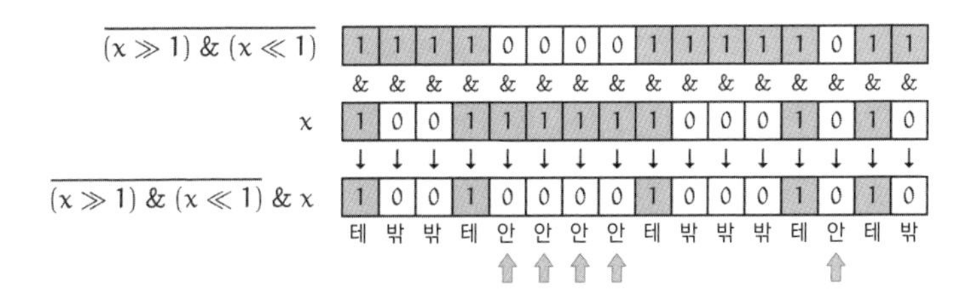

유리 테트라 언니, 짱! 테두리만 남기기 완성!

테트라 성공했어요!

저는 저도 모르게 유리와 하이파이브를 하며 함께 기뻐했습니다. 테두리만 남기기가 완성됐거든요!

리사 그 아이디어를 실제로 적용해 봐.

1 : **program** X-RIM
2 : $\quad k \leftarrow 0$
3 : $\quad$ **while** $k < 16$ **do**
4 : $\qquad x \leftarrow$ 〈α로부터 수신한다〉
5 : $\qquad x \leftarrow \overline{(x \gg 1)\ \&\ (x \ll 1)}\ \&\ x$
6 : $\qquad$〈x를 송신한다〉
7 : $\qquad k \leftarrow k + 1$
8 : $\quad$ **end-while**
9 : **end-program**

유리 실행해 봐요!

테트라 테두리만 남겨보도록 하겠습니다!

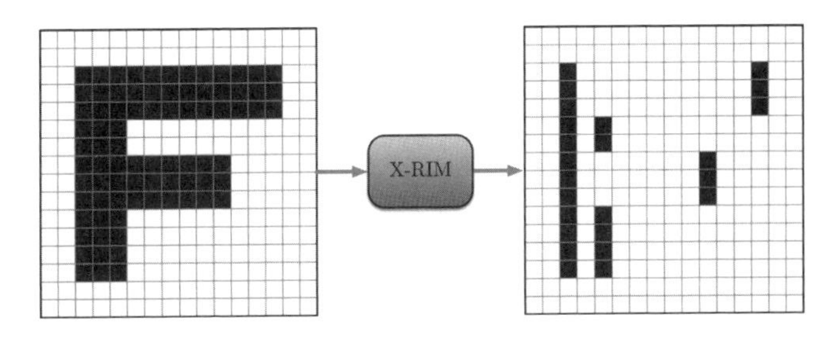

X-RIM을 실행한 결과

유리 실행해 봤는…데?

테트라 테두리가… 제대로 안 됐네요.

리사 버그.

유리 완전히 망했네!

테트라 …아뇨, 망한 게 아니에요. 아, 알아냈어요. 우린 '왼쪽, 오른쪽'만 생각했잖아요. 하지만 테두리를 남겨야 하니까 왼쪽, 오른쪽뿐 아니라 위, 아래까지 생각해야 했던 거예요!

유리 네?

테트라 조금 전에 X-RIM을 실행한 결과를 보면, '왼쪽, 오른쪽 테두리'는 잘 남겨진 상태라구요. '위, 아래 테두리 남기기'도 함께 넣으면 되는 거예요.

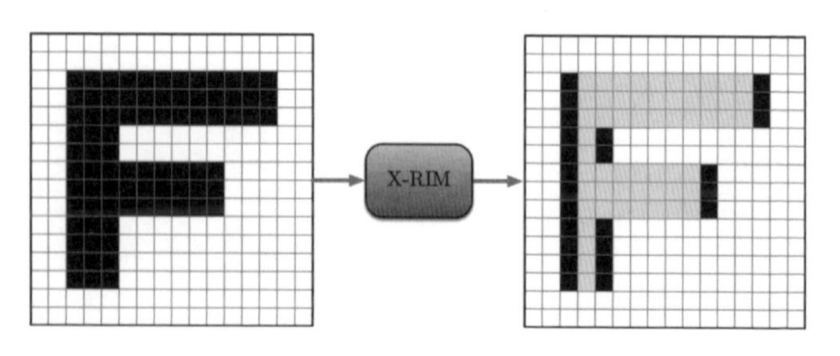

왼쪽, 오른쪽 테두리를 남긴 상태

유리 그렇지만, 못해요, 그런 거. 수신한 데이터를 변환해서 송신하는 거잖아요? 위, 아래를 보려면… 어떻게 하지?

테트라 '위쪽 시프트'와 '아래쪽 시프트'를 만들려면….

리사 UP.

```
 1:  program UP
 2:      x ← 〈수신한다〉
 3:      k ← 0
 4:      while k < 15 do
 5:          x ← 〈수신한다〉
 6:          〈x를 송신한다〉
 7:          k ← k + 1
 8:      end-while
 9:      〈0000000000000000(2)를 송신한다〉
10:  end-program
```

테트라 …그렇군요. 프린터는 위에서부터 순서대로 인쇄하는 거니까, '위쪽 시프트'를 하려면 처음에 수신한 데이터를 1개만 읽고 버려야 하는 거네요. 그다음, 나머지 15개 데이터를 그대로 송신하고, 마지막에 공백에 해당하는 데이터를 송신해요.

유리 '아래쪽 시프트'도 그런 방식으로 만들 수 있는 거예요?

리사 DOWN.

```
 1:  program DOWN
 2:      〈0000000000000000(2)를 송신한다〉
 3:      k ← 0
 4:      while k < 15 do
 5:          x ←〈수신한다〉
 6:          〈x를 송신한다〉
 7:          k ← k + 1
 8:      end-while
 9:      x ←〈수신한다〉
10:  end-program
```

테트라 어라? 근데, 이렇게 하면 필터는 잔뜩 만들어졌는데, 정작 '테두리만 남기기'는 어떻게 하면 되는 거죠? 이것들을 모두 합친 프로그램을 만드는 건가요?

리사 필터를 겹친다.

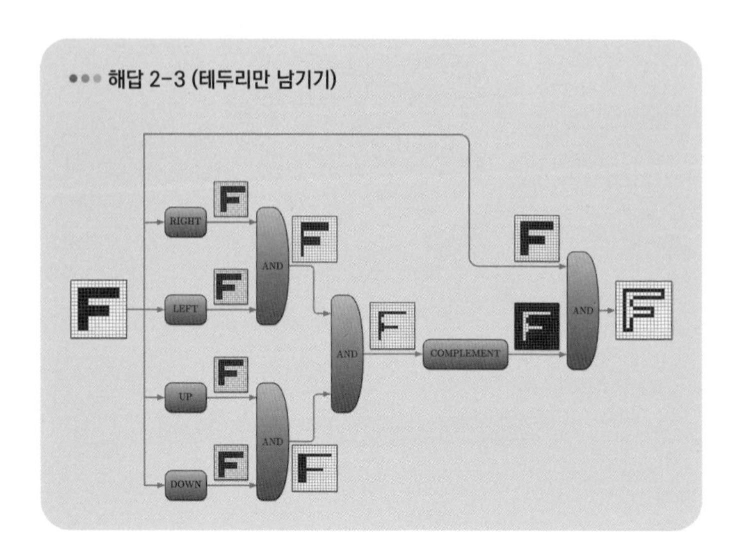

●●● **해답 2-3 (테두리만 남기기)**

유리 응…?

테트라 아…!

리사 테두리만 남기기 완성.

제2장의 문제

●●● 문제 2-1 (경우의 수)

제2장에서는 16개의 픽셀이 16행으로 나열된 흑백 이미지를 다루었다. 이 픽셀을 사용해서 표현할 수 있는 흑백 이미지는 전부 몇 가지일까?

(해답은 p.299)

●●● 문제 2-2 (비트 연산)

①~③의 비트 연산을 한 결과를 2진법 4자릿수로 나타내시오.

예) $\overline{1100}_{(2)} = 0011_{(2)}$

① $0101_{(2)} \mid 0011_{(2)}$

② $0101_{(2)} \mathbin{\&} 0011_{(2)}$

③ $0101_{(2)} \oplus 0011_{(2)}$

(해답은 p.300)

●●● 문제 2-3 (필터 IDENTITY를 만들기)

다음과 같이 수신한 데이터를 그대로 송신하는 필터 IDENTITY를 만드시오.

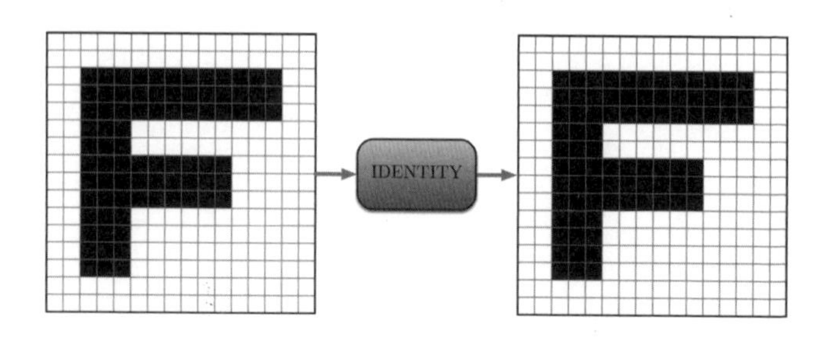

(해답은 p.301)

●●● 문제 2-4 (필터 SKEW를 만들기)

다음과 같이 변환하는 필터 SKEW를 만드시오.

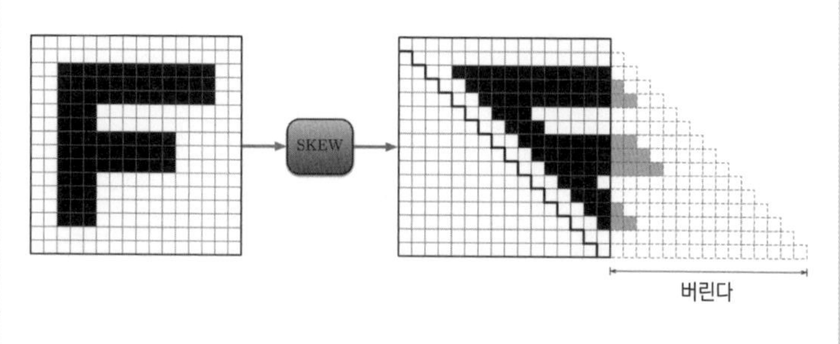

(해답은 p.302)

●●● 문제 2-5 (나눗셈과 오른쪽 시프트)

제2장에서 테트라는

$$x \gg 1 = x \text{ div } 2$$

라는 등식이 성립된다는 사실을, $x = 8$과 $x = 7$의 경우에 대해 확인하기만 하고 납득하였다(p.90). 이 등식이 어떤 x에 대해서도 성립됨을 증명하시오.

힌트: $x = x_{15}x_{14} \cdots x_{0(2)}$임을 활용한다.

(해답은 p.303)

제3장

컴플리먼트 기법

"도넛을 나눠요.
당신은 구멍이 있는 부분,
나는 그 부분 빼고 다."

3-1 나의 방

유리 오빠, 독감이 나아서 다행이야!

나 열이 올라서 정말 힘들었어. 〈신출귀몰 픽셀〉은 어땠어?

유리 엄청 재밌었는데, 미르카 님도 독감 땜에 못 왔어…. 테트라 언니랑 리사 언냐가 안내해 줬어.

나 리사 언냐?

미르카는 수학을 잘하는 나의 같은 반 친구. 중학생인 유리는 미르카를 선망의 대상으로 생각하고 있어, 항상 미르카 '님'이라고 부른다.

테트라는 나의 후배. 지난번에 행사장이 있는 나라비쿠라 도서관에 같이 갈 예정이었지만 내가 갑자기 고열이 나는 바람에 연락도 제대로 못 하고 미안하게 됐다.

그리고 프로그래밍이 특기인 컴퓨터 소녀 리사. 유리는 리사를 리사 언냐라고 부르기로 했나 보다.

유리 리사 언냐, 말수는 적은데 엄청 친절해!

나 그렇지?

유리 스캐너랑 필터랑 프린터로 그림을 이러쿵저러쿵해서 테두리만 남기기를 했어. 계산으로 그림을 바꿨다니깐. 그리고 컨트롤러를 탁탁 두드리면서 풀 트립! 이런 것도. 에휴, 오빠도 같이 봤으면 좋았을걸.

나 잘은 모르겠지만 여간 재밌는 게 아니었나 봐.

유리 있잖아, 리사 언냐한테 받아온 문제가 있는데. 자, 우리 오빠는 이 수수께끼를 과연 풀 수 있을까나?

나 문제?

3-2 의문의 계산

유리는 트럼프 카드와 비슷한 크기의 카드를 꺼냈다.

유리 짜잔! 이거 어떤 계산일 것 같아?

●●● 문제 3-1 (어떤 계산일까?)

$$\begin{array}{cccc} 0 & 0 & 1 & 1 \\ 1 & 0 & 0 & 1 \\ \hline 1 & 1 & 0 & 0 \end{array}$$

나 2진법 덧셈이구나. 이건 3 + 9 = 12야.

유리 어어, 딱 잘라 말하는 저 자신감? 그럼 풀이 한번 해 보시죠!

나 풀이라고 해봤자…

- 0011은 3을 2진법으로 나타낸 것
- 1001은 9를 2진법으로 나타낸 것
- 1100은 12를 2진법으로 나타낸 것

…이잖아?

유리 그래서?

나 2진법 덧셈은 10진법 덧셈과 같아서, 1의 자리부터 순서대로 더하면 돼. 단, 받아올림에 주의할 필요가 있지. 2진법일 때는 더해서 2가 될 때마다 받아올리니까. 이건 10진법일 때 더해서 10이 될 때마다 받아올림하는 것과 같아. 아래 계산에서는 받아올림이 두 번 일어났지?

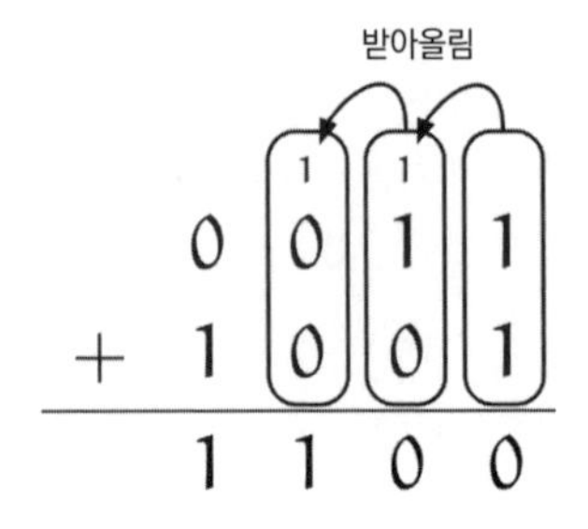

유리 흠흠, 그래서?

나 그래서 문제 3-1은 3 + 9 = 12를 계산한 거야.

●●● **해답 3-1a (나의 해답)**

이것은 3 + 9 = 12를 계산한 것이다.

$$\begin{array}{cccc} 0 & 0 & 1 & 1 \\ 1 & 0 & 0 & 1 \\ \hline 1 & 1 & 0 & 0 \end{array} \qquad \begin{array}{rr} & 3 \\ + & 9 \\ \hline & 12 \end{array}$$

유리 그렇게 생각하는 게 초짜들의 얍팍, 얍팔칸…!

나 침착해, 발음이 꼬였잖아. 초짜들의 얄팍한 답이라고? 잠깐만, 검산 좀 해 보자… 아니, 맞는데. 이것 봐.

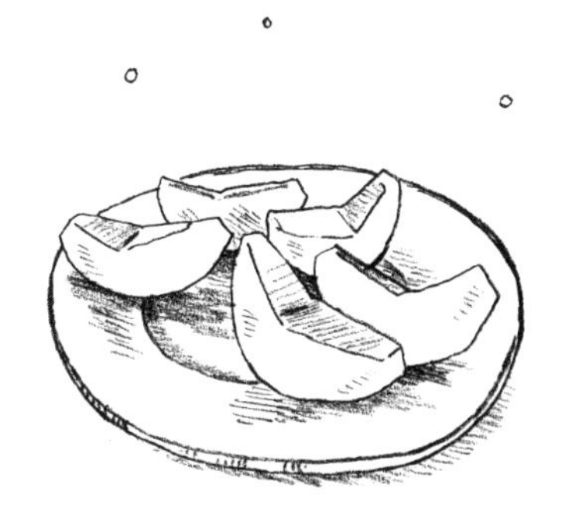

$$\boxed{0}\boxed{0}\boxed{1}\boxed{1} = \boxed{0} \times 2^3 + \boxed{0} \times 2^2 + \boxed{1} \times 2^1 + \boxed{1} \times 2^0$$
$$= 8\boxed{0} + 4\boxed{0} + 2\boxed{1} + 1\boxed{1}$$
$$= 2 + 1$$
$$= 3$$

$$\boxed{1}\boxed{0}\boxed{0}\boxed{1} = \boxed{1} \times 2^3 + \boxed{0} \times 2^2 + \boxed{0} \times 2^1 + \boxed{1} \times 2^0$$
$$= 8\boxed{1} + 4\boxed{0} + 2\boxed{0} + 1\boxed{1}$$
$$= 8 + 1$$
$$= 9$$

$$\boxed{1}\boxed{1}\boxed{0}\boxed{0} = \boxed{1} \times 2^3 + \boxed{1} \times 2^2 + \boxed{0} \times 2^1 + \boxed{0} \times 2^0$$
$$= 8\boxed{1} + 4\boxed{1} + 2\boxed{0} + 1\boxed{0}$$
$$= 8 + 4$$
$$= 12$$

유리 오빠가 한 계산은 맞아. 하지만 $3+9=12$라는 건 정답 중 하나인 거랍니다. 왜냐면 1001이라는 비트 패턴이 반드시 9를 나타내는 건 아니기 때문이지!

나 1001이 9를 나타내지 않으면 뭘 나타내는데?

유리 1001은 −7을 나타낼 수도 있어! 그리고 1100은 −4를 나타낼 수도 있고! 그래도 계산은 맞았어!

해답 3-1a (나의 해답)

이것은 3 + 9 = 12를 계산한 것이라고 생각할 수 있지만, 3 + (−7) = −4를 계산한 것이라고 생각할 수도 있다.

```
  0 0 1 1        3         3
  1 0 0 1     +  9     + −7
 ---------    -----    -----
  1 1 0 0       12        −4
```

나 1001이라는 비트 패턴이 −7을 나타낸다고…? 그건 무슨 규칙에 따른 거지?

유리 오빠가 낸 답은 **부호를 빼고** 생각한 것이지만, 유리가 낸 답은 **부호까지 넣어서** 생각한 거거든.

나 그렇군. −7 같은 음수도 취급한다는 말인가?

유리 맞아. 유리의 답은 4비트의 비트 패턴을 사용한 **2의 보수 표현**!

3-3 2의 보수 표현

나 2의 보수 표현…. 리사한테 전수받았군? 그렇다면 유리 교수님, 해설을 부탁드립니다.

유리 …에헴. 있잖아, 2의 보수 표현이라는 건, 비트 패턴으로 정수를 나타내는 방법 중 하나인 거야. 0과 1의 나열 방식으로 마이너스도 표현할 수 있어.

나 응. 그래서?

유리 2의 보수 표현은 이 표에서 〈부호 포함〉에 해당하는 쪽이야.

유리는 그렇게 말하면서 또 다른 카드를 꺼냈다.

비트 패턴과 정수의 대응표 (4비트)

비트 패턴	부호 제외	부호 포함
0000	0	0
0001	1	1
0010	2	2
0011	3	3
0100	4	4
0101	5	5
0110	6	6
0111	7	7
1000	8	−8
1001	9	−7
1010	10	−6
1011	11	−5
1100	12	−4
1101	13	−3
1110	14	−2
1111	15	−1

나 이 〈부호 포함〉은 어떤 규칙으로 나열된 거야? 0부터 7까지는 괜찮은데, 거기서 갑자기 −8이 되고 마지막은 −1이라니….

유리 오빠, 무슨 생각을 하고 있는 거야?

나 그야 물론 이 〈부호 포함〉의 규칙을 생각하고 있는 거지. 수가 나열되어 있는 걸 보면 어떤 규칙인지를 생각해보고 싶잖아. 이 대응표를 보면 비트 패턴이

0000, 0001, 0010, 0011, 0100, 0101, 0110, 0111

일 때 〈부호 포함〉과 〈부호 제외〉는 같은 정수를 나타내고 있어. 0부터 7까지 말이야. 이건 맨 왼쪽의 비트가 0일 때야.

비트 패턴	부호 제외	부호 포함
0000	0	0
0001	1	1
0010	2	2
0011	3	3
0100	4	4
0101	5	5
0110	6	6
0111	7	7
⋮	⋮	⋮

유리 그렇지.

나 그런데, 비트 패턴이

1000, 1001, 1010, 1011, 1100, 1101, 1110, 1111

일 땐 〈부호 제외〉와 〈부호 포함〉이 서로 다른 정수를 나타내고 있어. 이건 맨 왼쪽의 비트가 1일 때.

유리 응응.

비트 패턴	부호 제외	부호 포함
⋮	⋮	⋮
1000	8	−8
1001	9	−7
1010	10	−6
1011	11	−5
1100	12	−4
1101	13	−3
1110	14	−2
1111	15	−1

나 그래서, '맨 왼쪽의 비트가 1일 때 음수를 나타낸다'라는 걸 알 수 있지.

유리 맨 왼쪽에 있는 비트는 **최상위 비트**라고 하는 거야. 최상위 비트가 1이면 음수가 되니까 최상위 비트는 **부호 비트**라고 부르기도 한다구.

나 부호 비트라, 그렇군!

유리 흐흠.

나 그런 건 리사한테 배운 거야?

유리 리사 언냐랑 테트라 언니한테.

나 부호 비트가 1일 때 음수를 나타내는 건 좋지만…. 좀 걸리는 게 있는데.

유리 뭐가?

나 예를 들어서 3은 +3이니까, +라는 부호를 −로 반전하면 −3이 되잖아. 그런데 3을 나타내는 0011의 부호 비트를 반전한 1011은 −3이 아니라 −5가 되어버려. 즉 부호를 반전할 때는 부호 비트를 반전해도 안 되는 거잖아. 그게 걸린다는 거야.

유리 '부호를 반전할' 때는 **'모든 비트를 반전하고 1을 더하는'** 거래.

나 엥?

유리 예를 들어, 3은 0011이잖아? 이걸 모든 비트를 반전하면 1100이 되고, 여기에 1을 더하면 1101이 되지. 2의 보수 표현에서는 이 1101이 −3을 나타내는 비트 패턴이야.

0011　　3을 나타내는 비트 패턴
↓
1100　　모든 비트를 반전
↓
1101　　1을 더함. 이게 바로 −3을 나타내는 비트 패턴이 됨

비트 패턴	부호 제외	부호 포함
⋮	⋮	⋮
0011	3	3
⋮	⋮	⋮
1101	13	−3
⋮	⋮	⋮

나 듣고 보니 재미있을 것 같은데. 그럼 2를 가지고 한번 해 볼게. 2는 0010이고, 모든 비트를 반전하면 1101이고, 거기에 1을 더하면 1110이니까, 음, 네가 말한 대로 −2를 나타내는 비트 패턴이 된다!

0010　　2를 나타내는 비트 패턴
↓
1101　　모든 비트를 반전
↓
1110　　1을 더함. 이게 바로 −2를 나타내는 비트 패턴이 됨

비트 패턴	부호 제외	부호 포함
⋮	⋮	⋮
0010	2	2
⋮	⋮	⋮
1110	14	−2
⋮	⋮	⋮

유리 헤헷. 짱이지! 거꾸로도 할 수 있다구. −2는 1110이고, 모든 비트를 반전하면 0001이 되고, 거기에다 1을 더하면 0010이니까, 봐봐, 2로 돌아왔어.

1110　　−2를 나타내는 비트 패턴
↓
0001　　모든 비트를 반전
↓
0010　　1을 더함. 이게 바로 2를 나타내는 비트 패턴이 됨

나 …그것도 리사가 알려준 거야?

유리 응. 그런데 −8은 예외래. −8은 1000이지만, 모든 비트를 반전하면 0111이고, 거기에 1을 더하면 1000이라서, 다시 −8로 되돌아와 버려.

1000　　　−8을 나타내는 비트 패턴
↓
0111　　　모든 비트를 반전
↓
1000　　　1을 더함. 이게 바로 −8을 나타내는 비트 패턴이 됨

비트 패턴	부호 제외	부호 포함
⋮	⋮	⋮
1000	8	−8

나 예외가 있구나. 하긴 그렇네. 왜냐면 −8의 부호를 반전한다 해도 4비트의 '부호 포함'으로는 7까지만 나타낼 수 있으니 말이야. 8은 나타낼 수 없네.

유리 그렇지만 −8 말곤 '모든 비트를 반전하고 1을 더하기'하면 부호가 반전돼. 재밌지 않아?

나 그런데… 그건 왜 그런 걸까?

유리 어?

3-4 부호가 반전하는 이유

나 '모든 비트를 반전하고 1을 더하기'라는 독특한 조작으로 부호가 반전하는 이유 말이야.

유리 몰라. 다음에 리사 언냐 만나거든 물어봐 줘!

나 아니, 이건 답을 듣는 문제가 아니라 생각하는 문제라고.

유리 그런 거야?

나 모든 비트를 반전하고 1을 더하면 왜 부호가 반전을 하는가. 이건 생각해 보면 알 수 있을 것 같으니 말이야.

유리 무엇을 어떻게 생각하라는 거지?

나 부호를 반전한다는 건 n에서 −n을 얻는 거잖아. 그럼 −n은 어떤 수일까?

유리 어떤 수냐는 게 무슨 뜻이야?

나 왜 이게 확실하게 −n이라고 할 수 있냐는 뜻이지.

유리 골치 아플 것 같은 이야기네….

나 아니, 엄청 쉬운 이야기야. −n은 n을 더하면 0이 되는 수거든.

$$-n + n = 0$$

유리 너무나 당연한 이야기인데…. 그게 어쨌다는 거야?

나 아니, 아직은 몰라.

유리 (풀썩).

나 −n은 'n을 더하면 0이 되는 수'이니까, '더하다'라는 게 무엇인가란 이야기가 되겠구나….

유리 더 골치 아픈 이야기… 덧셈이 뭐겠어 덧셈이지.

나 아니, 달라. 지금은 4비트라는 범위에서 생각하고 있으니, 일반 덧셈과는 다르지. 왜냐면, 받아올림이 발생해서 4비트가 넘어가는 경우도 있잖아?

유리 그거, 리사 언냐도 얘기했었어. 오버플로(overflow)라고.

나 이걸 오버플로라고 하는구나.

3-5 오버플로

유리 예를 들어서 1111과 0001을 더하면 10000이 되는데, 10000은 오버플로가 일어나서 5비트가 되어버려. 넘어간다고 한 게 이걸 말한 거지?

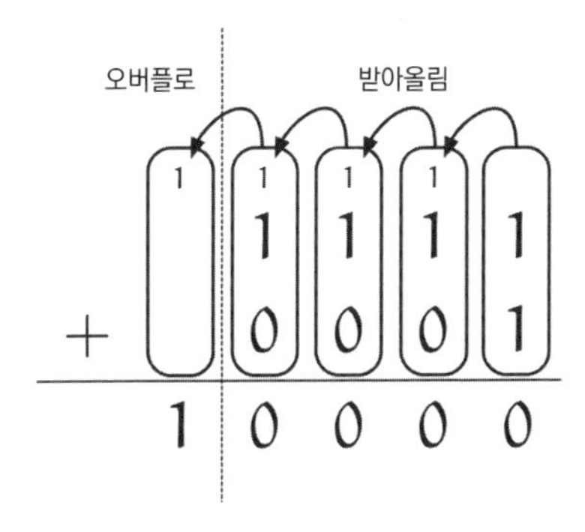

나 맞아 맞아, 그거.

유리 4비트로 계산할 땐 오버플로해서 넘어간 비트는 무시하는 거래.

나 무시한다고?

유리 무시하고 아래 4비트만 가지고 생각한대. 그거면 돼. 봐, 1111은 '부호를 포함'하면 −1이 되니까, 1을 더하면 0이 되고 딱 좋지.

$$\begin{array}{rccccc} & & 1 & 1 & 1 & 1 \\ + & & 0 & 0 & 0 & 1 \\ \hline & \boxed{1} & 0 & 0 & 0 & 0 \end{array} \qquad \begin{array}{rr} & -1 \\ + & 1 \\ \hline & 0 \end{array}$$

나 그거구나! 4비트 범위에서 생각하니까 납득이 된다!

유리 뭐가?

나 오버플로로 넘어간 비트는 무시한다. 그렇게 하면 1111은 '1을 더하면 0이 되는 수'라고 할 수 있잖아. 그러니까 1111이라는 비트 패턴이 모든 비트를 반전하고 1을 더하면 −1이 된다는 논리가 맞는 거야. 왜냐면 '1을 더하면 0이 되는 수'니까 말이지.

유리 엥, 잠깐. 그럼 −2도 '2를 더하면 0이 되는 수'가 맞아?

나 맞아. 1110에 0010을 더해서 10000이 되니까….

유리 넘어간 비트를 무시하면 0000이니까 0이 되는구나!

나 그렇지. 오버플로해서 넘어간 비트를 무시하니까 역시 잘 되네.

유리 어라, 그런데 방금 한 건 1111을 −1로 볼 수 있다는 이야기였잖아?

나 응.

유리 n을 '모든 비트를 반전하고 1을 더하기'하면 −n이 된다는 이야기는 어떻게 된 거야?

나 아이고, 내 정신 좀 봐. 그렇지. 구체적인 비트 패턴으로 어느 정도 감이 잡혔으니, 이제 문자를 쓰도록 해 볼까?

유리 문자를 쓴다고?

3-6 모든 비트를 반전하고 1을 더하기

나 정수 n을 $b_3b_2b_1b_0$라는 비트 패턴으로 나타냈다고 가정해 보자.

유리 4비트니까 4개의 수야.

나 그래. b_3, b_2, b_1, b_0은 0 아니면 1이지.

유리 좋아. 그래서?

나 비트 패턴 $b_3b_2b_1b_0$의 '모든 비트를 반전'하면….

유리 $\overline{b_3}\overline{b_2}\overline{b_1}\overline{b_0}$라는 거지!

나 그거 괜찮은 표기법인데?

$b_3b_2b_1b_0$ n을 나타내는 비트 패턴

↓

$\overline{b_3}\overline{b_2}\overline{b_1}\overline{b_0}$ 모든 비트를 반전

↓

$c_3c_2c_1c_0$ 1을 더함. 이게 바로 −n을 나타내는 비트 패턴…

유리 그래서, 이 $c_3c_2c_1c_0$가 결국 뭐라는 거야?

나 글쎄, 아직은 몰라.

유리 (풀썩).

나 왜 모르냐면, 받아올림이 방해가 되거든. $\overline{b_3}\overline{b_2}\overline{b_1}\overline{b_0}$에 1을

더할 때 어디에서 어떻게 받아올림이 일어나는지 알 수가 없어. 그래서 '모든 비트를 반전하고 1을 더한' 결과의 비트 패턴도 뭔지 알 수가 없어.

유리 받아올림 안 하면 되잖아.

나 말도 안 되는 소리 하지 마. 2진법이니까 1+1이 나오면 반드시 받아올림이 일어날 수밖…에?

유리 응?

나 $\overline{b_3}\overline{b_2}\overline{b_1}\overline{b_0} + b_3b_2b_1b_0$하면 받아올림이 안 일어나네….

유리 엥?

나 $\overline{b_3}\overline{b_2}\overline{b_1}\overline{b_0}$은 $b_3b_2b_1b_0$의 모든 비트를 반전한 거잖아. 그러니까 이 둘을 더해도 받아올림은 절대로 일어나지 않아. 어느 자리를 봐도 1+1은 절대 안 나오니까.

유리 그렇네. 게다가 0+0도 저얼때루 안 나와!

나 그렇구나! 0+1이랑 1+0밖에 안 나오는 거였어! 그렇다면 무조건 1111이 돼!

$$\begin{array}{rcccc} & \overline{b_3} & \overline{b_2} & \overline{b_1} & \overline{b_0} \\ + & b_3 & b_2 & b_1 & b_0 \\ \hline & 1 & 1 & 1 & 1 \end{array}$$

유리 오오…!

나 그 말인즉, 비트 패턴에 대해 이런 식이 성립된다는 거네.

$$\overline{b_3}\,\overline{b_2}\,\overline{b_1}\,\overline{b_0} + b_3b_2b_1b_0 = 1111$$

유리 그렇네.

나 이제 좀 알겠어… 양변에 1을 더하면 이게 성립된다!

$$\underbrace{\overline{b_3}\,\overline{b_2}\,\overline{b_1}\,\overline{b_0} + 1}_{\text{모든 비트를 반전하고 1을 더하기}} + b_3b_2b_1b_0 = \underbrace{10000}_{1111+1}$$

유리 드디어 '모든 비트를 반전하고 1을 더하기'가 나왔어!

나 좋아, 잘하고 있어. '모든 비트를 반전하고 1을 더한 것'에 $b_3b_2b_1b_0$을 더하면 반드시 10000이 되는 걸 알게 됐어. 오버플로한 1을 무시하면 0000이 돼!

유리 성공이다! '모든 비트를 반전하고 1을 더한 것'이 $-n$이라는 말이잖아!

나 응. $b_3b_2b_1b_0$의 '모든 비트를 반전하고 1을 더함'으로써 얻을 수 있는 4비트는 '$b_3b_2b_1b_0$를 더하면 0000이 되는' 4비트야. 이제 n의 모든 비트를 반전하고 1을 더하면 $-n$이 된다는 사실을 알게 됐어. 오버플로를 무시하면 말이지.

유리 '모든 비트를 반전하고 1을 더하기'… 너무 재밌다!

나 모든 비트를 반전한다는 계산은, 단순하지만 절묘한 점이 있네!

유리 아아, 모든 비트의 반전 말이야, A나라와 B나라의 차이랑 똑같잖아!

나 A나라와 B나라? 그게 뭐더라?

유리 손가락을 접는 방법이 다른 두 나라 말이야*. 손가락을 접는 게 0인지 1인지.

나 아아, 그렇네. 마침 0과 1이 반전이니까, 더해도 받아올림은 일어나지 않고, 모든 비트가 반드시 1이 되지. 그러고 보니 그거랑 같구나.

유리 이제 속이 시원해졌어!

나 으으으음….

유리 아직 덜 시원하구나!

나 오버플로해서 넘어간 비트를 무시한다는 건 방법적으로는 알겠는데, 어떤 계산인 걸까… 생각하고 있었어.

유리 안 넘어가고 남은 비트만 생각하면 되는 거 아니야?

나 그렇긴 한데, 그게 어떤 계산일까?

* 제1장 참조 (p.58)

3-7 넘어간 걸 무시하는 의미

유리 오빠가 뭐가 신경 쓰이는 건지 잘 모르겠는데.

나 예를 들어서

$$1111 + 0001 = 10000$$

이라면 납득할 수 있어. 왜냐하면

$$1111_{(2)} + 0001_{(2)} = 10000_{(2)}$$

이니까. 하지만 오버플로한 1을 무시해서

$$1111 + 0001 = 0000$$

이라고 하기엔 좀….

유리 $-1 + 1 = 0$이니까 된 거 아니야?

나 '부호 포함'이라면 말이지. 하지만 '부호 제외'라면 $15 + 1 = 0$이야.

유리 16이 0이 되어버리네.

나 16이 0이 된다…. 아아, 알겠다. 왜 바로 알아차리지 못했을까? 이건 **16을 법으로 하는 계산**이야!

유리 16을… 뭐?

나 16을 법으로 하는 계산. 4비트를 '부호 제외'로 덧셈하고, 오버플로된 비트는 무시한다는 계산은 16을 법으로 하는 계산과 같다구.

유리 어려워서 도통 모르겠어.

나 16을 법으로 하는 계산이라는 건, **16으로 나눈 나머지**에 주목한 계산을 말하는 거야. 전혀 어려운 이야기가 아니라구.

유리 정말?

3-8 16을 법으로 하는 계산

나 오버플로해서 5비트가 되어버린 수의 비트 패턴을

[a][b][c][d][e]

라고 나타내보자.

유리 무시하는 비트는 [a]인가?

나 응. 그리고 이 비트 패턴이 '부호 제외'의 정수를 나타내고 있다고 가정한다면, 2의 거듭제곱을 써서 이렇게 쓸 수 있겠지.

$$\boxed{a}\boxed{b}\boxed{c}\boxed{d}\boxed{e} = 16\boxed{a} + \underbrace{8\boxed{b} + 4\boxed{c} + 2\boxed{d} + 1\boxed{e}}_{\text{16으로 나눈 나머지}}$$

유리 정말. $\boxed{b}\boxed{c}\boxed{d}\boxed{e}$는 16으로 나눈 나머지네.

나 그래서 오버플로한 비트를 무시하고 4비트만 남긴다는 것은 16으로 나눈 나머지를 생각한 거였어.

유리 잠깐만. 헷갈리기 시작했어. $\boxed{b}\boxed{c}\boxed{d}\boxed{e}$가 16으로 나눈 나머지인 건 알겠는데, 그건 '부호 제외'로 생각한 거잖아. '부호 포함'일 때는 4비트로 플러스든 0이든 마이너스든 다 표현할 수 있어. 그렇지만 16으로 나눈 나머지는 마이너스가 되지 않아….

나 그렇지. 하지만 그건 나머지의 범위를 밀리게 한 것뿐이야. '부호 제외'에서는 0, 1, 2, …, 15의 범위.

0000	…	−48	−32	−16	0	16	32	48	…
0001	…	−47	−31	−15	1	17	33	49	…
0010	…	−46	−30	−14	2	18	34	50	…
0011	…	−45	−29	−13	3	19	35	51	…
0100	…	−44	−28	−12	4	20	36	52	…
0101	…	−43	−27	−11	5	21	37	53	…
0110	…	−42	−26	−10	6	22	38	54	…
0111	…	−41	−25	−9	7	23	39	55	…
1000	…	−40	−24	−8	8	24	40	56	…
1001	…	−39	−23	−7	9	25	41	57	…
1010	…	−38	−22	−6	10	26	42	58	…
1011	…	−37	−21	−5	11	27	43	59	…
1100	…	−36	−20	−4	12	28	44	60	…
1101	…	−35	−19	−3	13	29	45	61	…
1110	…	−34	−18	−2	14	30	46	62	…
1111	…	−33	−17	−1	15	31	47	63	…

유리 뭐야, 이 표는.

나 16으로 나누었을 때의 나머지로 정수를 분류한 표야. 위 행부터 차례대로 나머지가 0이 되는 정수, 나머지가 1이 되는 정수, 이렇게 쭉 이어지고, 맨 아래 행은 나머지가 15가 되는 정수의 집단이야. 가운데에 색이 칠해진 수는 각 행의 대표 선수, 한 마디로 나머지야.

유리 흐음.

나 그래서 말이지, 각 행의 대표 선수 선출 방법을 조금씩 밀리게 하면 −8, −7, −6, …, 7의 범위로 만들 수 있어.

0000	…	-48	-32	-16	0	16	32	48	…
0001	…	-47	-31	-15	1	17	33	49	…
0010	…	-46	-30	-14	2	18	34	50	…
0011	…	-45	-29	-13	3	19	35	51	…
0100	…	-44	-28	-12	4	20	36	52	…
0101	…	-43	-27	-11	5	21	37	53	…
0110	…	-42	-26	-10	6	22	38	54	…
0111	…	-41	-25	-9	7	23	39	55	…
1000	…	-40	-24	-8	8	24	40	56	…
1001	…	-39	-23	-7	9	25	41	57	…
1010	…	-38	-22	-6	10	26	42	58	…
1011	…	-37	-21	-5	11	27	43	59	…
1100	…	-36	-20	-4	12	28	44	60	…
1101	…	-35	-19	-3	13	29	45	61	…
1110	…	-34	-18	-2	14	30	46	62	…
1111	…	-33	-17	-1	15	31	47	63	…

유리 오호라….

나 4비트로 정수를 나타내고 덧셈으로 오버플로한 비트를 무시한다는 건, 16을 법으로 하는 계산을 하고 있다는 게 되지. '부호 제외'는 4비트로 0, 1, 2, 3, …, 15를 나타내고, '부호 포함'은 8 이상의 수에서 16을 뺀 음수를 나타내고 있는 거야.

3-9 의문의 식

유리 참, 그러고 보니 리사 언냐가 이런 문제도 줬다?

●●● 문제 3-2 (의문의 식)

$$n \mathbin{\&} -n$$

나 n & −n은…?

유리 이게 뭘 나타내는지 알겠어?

나 아니, 그게 아니라 이 &는 무슨 연산자인데?

유리 아, 그거. &는 '비트 단위의 논리곱'이야. 이런 거.

비트 단위의 논리곱

$$0 \mathbin{\&} 0 = 0$$
$$0 \mathbin{\&} 1 = 0$$
$$1 \mathbin{\&} 0 = 0$$
$$1 \mathbin{\&} 1 = 1$$ 양쪽 모두 1일 때만 1

나 아아, 그렇군. 양쪽 모두 1일 때만 1이 된다는 건, 0을 거짓, 1을 참으로 했을 때의 논리곱 ∧(그리고)이랑 같은 거구나.

논리곱

거짓 ∧ 거짓 = 거짓

거짓 ∧ 참 = 거짓

참 ∧ 거짓 = 거짓

참 ∧ 참 = 참 　　양쪽 모두 참일 때만 참

유리 그렇긴 한데, 그걸 비트별로 계산하는 거야.

나 그 말은, 예를 들어보면 1100 & 1010 = 1000 이런 거? 같은 위치의 비트가 1일 때만 계산 결과가 1이 된단 말이지.

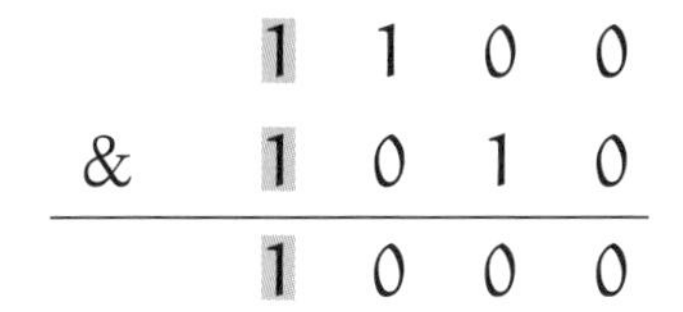

유리 그런 거지. 그래서, n & −n은 뭐인 것 같아?

나 −n은 n의 '모든 비트를 반전하고 1을 더하기'를 하는 계산인 거지?

유리 그렇지. 아, 빨리이. 답 알겠냐구우.

나 일단 해야 할 일은 정해져 있어.

유리 오, 벌써 알아냈어?

나 그럴 리가. **'작은 수로 시험해보라'**라는 이론을 따를 거야. 먼저 예시를 몇 가지 만들어서 생각해보지 않고선 아무것도 알 수 없으니까.

예를 들어서 $n = 0110$일 때의 $-n$은, 모든 비트를 반전하고 1을 더한 1010이 돼.

$$n = 0110$$
$$-n = 1010$$

그리고 $n \mathbin{\&} -n = 0110 \mathbin{\&} 1010$을 계산하면…

$$\begin{array}{rcccc} & 0 & 1 & 1 & 0 \\ \& & 1 & 0 & 1 & 0 \\ \hline & 0 & 0 & 1 & 0 \end{array}$$

…이니까, $n = 0110$에 대해 $n \mathbin{\&} -n = 0010$이 되는구나. 근데, 그래서 대체 뭐라는 거지?

유리 오빠! $n \mathbin{\&} -n$이 뭔지 알았냐구!

나 $n = 0110$으로 이제 막 시험해 본 참이라서 아직 아무것도 모르지. 유리, 넌 리사한테 답을 들은 거야?

유리 당연하지! 있지, $n \mathbin{\&} -n$은 말이야….

나 잠깐! 왜 이렇게 서둘러대? 지금 생각하고 있다구.

유리 쳇!

나 이번엔 n = 0000으로 생각해 봐야겠어. n도 −n도 0000이니까, 비트 단위의 논리곱은 0000이지. 즉 n = 0000일 때 n & −n = 0000이라 할 수 있고.

n & −n 구하기 (n = 0000일 경우)

```
    0 0 0 0
&   0 0 0 0
-----------
    0 0 0 0
```

유리 오빠아, 빨리이….

나 그다음, n = 0001일 땐 −n = 1111이니까, 비트 단위의 논리곱은 0001이 되고.

n & −n 구하기 (n = 0001일 경우)

```
    0 0 0 1
&   1 1 1 1
-----------
    0 0 0 1
```

유리 …오빠아, 아직이야?

나는 답을 말하고 싶어 근질거리는 유리를 애써 무시하며, n = 0000, 0001, …하고 담담하게 계산을 이어 나갔다.

n	−n	n & −n
0000	0000	0000
0001	1111	0001
0010	1110	0010
0011	1101	0001
0100	1100	0100
0101	1011	0001
0110	1010	0010
0111	1001	0001
1000	1000	1000
⋮	⋮	⋮

나 ….

유리 이제 됐어?

나 역시 '작은 수로 시험해보라'라는 이론이 맞네. 패턴이 어느 정도 보이기 시작했어. n = 0000을 빼고 생각하면 n & −n에서 값이 1인 비트는 한 개밖에 없어.

n	−n	n & −n
0000	0000	0000
0001	1111	0001
0010	1110	0010
0011	1101	0001
0100	1100	0100
0101	1011	0001
0110	1010	0010
0111	1001	0001
1000	1000	1000
⋮	⋮	⋮

유리 아아, 오빠! 좀 더 확실하게 대답해 보라구!

나 ?

유리 n & −n은 뭐다! 이렇게 말이야.

나 말도 안 되는 소리….

나는 표를 노려보며 생각했다. n & −n은 무엇을 나타내는 거지?

유리 오빠! 오빠오빠오빠!!! 이제 답 말해도 돼?

나 아니, 아직 좀만 더….

값이 1인 비트가 1개뿐이라는 건 정수로서는 어떤 의미를 가지는 걸까… 아, 2진법의 한 자릿수만 1인 거니까, 2의 거듭제곱이 되는구나. 2^m이라는 형태로 쓸 수 있겠군. 으음, 표를 노려본다고 될 일이 아니구나. 10진법으로 고쳐보자. n이라는 수와 n & −n이라는 수를 잘 비교해볼 수 있게…

n	n & −n	n	n & −n
0000	0000	0	0
0001	0001	1	1
0010	0010	2	2
0011	0001	3	1
0100	0100	4	4
0101	0001	5	1
0110	0010	6	2
0111	0001	7	1
1000	1000	8	8
1001	0001	9	1
1010	0010	10	2
1011	0001	11	1
1100	0100	12	4
1101	0001	13	1
1110	0010	14	2
1111	0001	15	1

나 답이 보이기 시작한 것 같아. 이렇게 정리해서 보니까 확실해졌어.

$n = 0$일 때	$n \& -n = 0$이 된다.
$n = 1, 3, 5, 7, 9, 11, 13, 15$일 때	$n \& -n = 1$이 된다.
$n = 2, 6, 10, 14$일 때	$n \& -n = 2$가 된다.
$n = 4, 12$일 때	$n \& -n = 4$가 된다.
$n = 8$일 때	$n \& -n = 8$이 된다.

유리 …?

나 답은 이거야, 유리.

●●● 해답 3-2a (나의 해답)

정수 n에 대해

$$n \& -n = \begin{cases} 0 & n = 0\text{일 때} \\ 2^m & n \neq 0\text{일 때} \end{cases}$$

가 성립한다. 여기서 m은

$$n = 2^m \cdot \text{홀수}$$

를 충족하는 0 이상인 정수이다.

유리 응? 뭔 소리야?

나 말 그대로야. 정수 n은 0이 아니라고 치자. 이때 n은 '2의 거듭제곱'과 '홀수'의 곱의 형태로 쓸 수 있어. 그게 바로

$$n = \underbrace{2^m}_{\text{2의 거듭제곱}} \cdot \textbf{홀수}$$

라는 식이 말하고 싶은 부분. 2^m이 '2의 거듭제곱'이지. n을 소인수분해할 때 2^m이라는 형태로 2의 몇 제곱이 나오는지를 생각하는 거라고도 할 수 있어. 그리고 우리가 알아보려는 의문의 식 n & −n은 그 2^m과 같은 거지. 즉,

$$n \,\&\, -n = 2^m$$

라는 말이야.

유리 잠깐잠깐잠까아아안! 무슨 말이냐구 대체!

나 n & −n은 **정수 n이 나누어떨어지는 가장 큰 '2의 거듭제곱'**을 나타내는 거야. 구체적으로 보면 금방 알 수 있어. 자, 그럼 잘 봐.

n=1은 $2^0=1$로 나누어떨어지지만 $2^1=2$로는 나누어떨어지지 않는다.

n=2는 $2^1=2$로 나누어떨어지지만 $2^2=4$로는 나누어떨어지지 않는다.

n=3은 $2^0=1$로 나누어떨어지지만 $2^1=2$로는 나누어떨어지지 않는다.

n=4는 $2^2=4$로 나누어떨어지지만 $2^3=8$로는 나누어떨어지지 않는다.

n=5는 $2^0=1$로 나누어떨어지지만 $2^1=2$로는 나누어떨어지지 않는다.

n=6은 $2^1=2$로 나누어떨어지지만 $2^2=4$로는 나누어떨어지지 않는다.

n=7은 $2^0=1$로 나누어떨어지지만 $2^1=2$로는 나누어떨어지지 않는다.

n=8은 $2^3=8$로 나누어떨어지지만 $2^4=16$으로는 나누어떨어지지 않는다.

n=9는 $2^0=1$로 나누어떨어지지만 $2^1=2$로는 나누어떨어지지 않는다.

n=10은 $2^1=2$로 나누어떨어지지만 $2^2=4$로는 나누어떨어지지 않는다.

n=11은 $2^0=1$로 나누어떨어지지만 $2^1=2$로는 나누어떨어지지 않는다.

n=12는 $2^2=4$로 나누어떨어지지만 $2^3=8$로는 나누어떨어지지 않는다.

n=13은 $2^0=1$로 나누어떨어지지만 $2^1=2$로는 나누어떨어지지 않는다.

n=14는 $2^1=2$로 나누어떨어지지만 $2^2=4$로는 나누어떨어지지 않는다.

n=15는 $2^0=1$로 나누어떨어지지만 $2^1=2$로는 나누어떨어지지 않는다.

유리 ….

나 봐, 1, 2, 1, 4, 1, 2, 1,…라는 수열이 나오지? 이 2^m이 바로 n & −n의 정체라고!

$n = 2^m \cdot$ **홀수**	2^m	n & −n
$1 = 2^0 \cdot 1$	$2^0 = 1$	1
$2 = 2^1 \cdot 1$	$2^1 = 2$	2
$3 = 2^0 \cdot 3$	$2^0 = 1$	1
$4 = 2^2 \cdot 1$	$2^2 = 4$	4
$5 = 2^0 \cdot 5$	$2^0 = 1$	1
$6 = 2^1 \cdot 3$	$2^1 = 2$	2
$7 = 2^0 \cdot 7$	$2^0 = 1$	1
$8 = 2^3 \cdot 1$	$2^3 = 8$	8
$9 = 2^0 \cdot 9$	$2^0 = 1$	1
$10 = 2^1 \cdot 5$	$2^1 = 2$	2
$11 = 2^0 \cdot 11$	$2^0 = 1$	1
$12 = 2^2 \cdot 3$	$2^2 = 4$	4
$13 = 2^0 \cdot 13$	$2^0 = 1$	1
$14 = 2^1 \cdot 7$	$2^1 = 2$	2
$15 = 2^0 \cdot 15$	$2^0 = 1$	1

유리 유리가 알고 있는 답이랑 달라….

나 유리 네 답이라니?

유리 이거. 리사 언냐한테 배운 거거든.

●●● **해답 3-2b (유리의 해답)**

n & −n은 n의 비트 패턴에서

'오른쪽 끝단의 1만 남긴 것'

이 된다.

나 오른쪽 끝단의 1만 남긴 것이라는 게 무슨 뜻이지?

유리 말 그대로야. 예를 들어서 n = 0110이라고 하면 말이지, 0110 중 오른쪽 끝단의 1만 남기고 나머지는 전부 0으로 만들어 버리는 거야. 그렇게 하면, 봐봐, 0010이 되지! 표로 만들어 볼까?

n	0000	0001	0010	0011	0100	0101	0110	0111
n & −n	0000	0001	0010	0001	0100	0001	0010	0001

n	1000	1001	1010	1011	1100	1101	1110	1111
n & −n	1000	0001	0010	0001	0100	0001	0010	0001

나 정말이네.

유리 오빠 거랑 내 거 중에 누가 틀린 거야?

나 으음… 아니, 내 답도 유리 네 답도 모두 맞아. 왜냐하면, 말하는 방식은 달라도 같은 말을 하고 있거든.

유리 보기엔 전혀 다른 것 같은데.

나 나는 'n이 어떤 수로 나누어떨어지는가'라는 값의 성질에 주목해서 답했지만, 유리는 n의 비트 패턴 성질에 주목해서 답한 거잖아. 그래서 서로 다르게 보일 뿐이야.

유리 엇, 그런가?

나 그렇다니깐. n의 비트 패턴에서 '여기가 오른쪽 끝단의 1이다'라는 건 무슨 말이지?

유리 오른쪽 끝단에서부터 비트 패턴을 읽을 때, 가장 먼저 나오는 1이지.

나 맞아. 그래서 '오른쪽 끝단의 1만 남긴다'라는 게 무엇을 하는 거냐면, 비트 패턴에 따라서,

***1	**10	*100	1000
↓	↓	↓	↓
0001	0010	0100	1000

라는 비트 패턴을 얻는 거야.

유리 응, 무슨 말인지 알겠어. *은 0 또는 1인 거지?

나 응. 그리고 얻은 비트 패턴의 값을 생각해 보면,

$$n = 2^m \cdot \text{홀수}$$

라고 했을 때의 2^m과 같은 거야.

유리 으으, 왜 그런 거지이이?

나 비트 패턴을 ⓐⓑⓒⓓ라고 생각하면 금방 알 수 있어.

$$\boxed{a}\boxed{b}\boxed{c}\boxed{1} = 8\boxed{a} + 4\boxed{b} + 2\boxed{c} + 1\boxed{1}$$

$$= \underbrace{1}_{2^0} \cdot (\underbrace{8\boxed{a} + 4\boxed{b} + 2\boxed{c} + 1\boxed{1}}_{\text{홀수}})$$

$$\boxed{a}\boxed{b}\boxed{1}\boxed{0} = 8\boxed{a} + 4\boxed{b} + 2\boxed{1} + 1\boxed{0}$$

$$= \underbrace{2}_{2^1} \cdot (\underbrace{4\boxed{a} + 2\boxed{b} + 1\boxed{1}}_{\text{홀수}})$$

$$\boxed{a}\boxed{1}\boxed{0}\boxed{0} = 8\boxed{a} + 4\boxed{1} + 2\boxed{0} + 1\boxed{0}$$

$$= \underbrace{4}_{2^2} \cdot (\underbrace{2\boxed{a} + 1\boxed{1}}_{\text{홀수}})$$

$$\boxed{1}\boxed{0}\boxed{0}\boxed{0} = 8\boxed{1} + 4\boxed{0} + 2\boxed{0} + 1\boxed{0}$$

$$= \underbrace{8}_{2^3} \cdot (\underbrace{1\boxed{1}}_{\text{홀수}})$$

유리 2를 될 수 있는 한 많이 묶어낸 거구나! 이해 완료!

나 맞아 맞아!

3-10 무한 비트 패턴

유리 앗, 아냐, 방금 거 취소! 이해 안 가!

나 (풀썩). 어디가 이해가 안 가는 거야?

유리 오빠가 말한 답과 내 답이 같다는 건 알겠어. 그런데 n & $-$n이 어째서 $n = 2^m \cdot$ 홀수의 2^m이 되는데?

나 한참 거슬러 올라가네. n = 0, 1, 2, 3, ⋯, 15에서 확인해 봤잖아.

유리 그렇지만 4비트일 때만 그렇잖아.

나 ⋯.

유리 작은 n으로 시험해 보는 건 좋지만, n이 아무리 큰 수여도 제대로 2^m이 될 수 있는 거야? 오빠가 항상 말하는 거잖아. 증명해 보지 않으면 그저 예상일 뿐이라고.

나 하긴 그래. 증명해 보지 않으면 그저 예상에 지나지 않지.

유리 오빠는 $n = 2^m \cdot$ 홀수라는 형태가 된다고 했지만, 'n & $-$n의 결과가 2^m과 같은지' 여부는 시험해 본 범위 내에서만 알 수 있는 거잖아.

나 유리 네 말이 맞다. 그렇다면 4비트의 제한을 풀어보면 알 수 있겠지. 예를 들어 왼쪽으로 늘어나는 **무한 비트 패턴**을 생각해 보자.

유리 무한 비트 패턴?

나 응. 예를 들면,

$$n = \cdots 00000000000010011101000000$$

같은 비트 패턴을 생각해 보는 거야.

유리 오오!

나 이 n의 모든 비트를 반전한 $\overline{n}$의 비트 패턴은 금방 알 수 있지?

$$n = \cdots 000000000000010011101000000$$

$$\overline{n} = \cdots 111111111111101100010111111$$

유리 오호라. 왼쪽으로 '무한히 나열되는 0'을 전부 반전하면 '무한히 나열되는 1'이 된다는 거지?

나 그렇지. 오른쪽 끝단도 한 번 볼까? n에서 오른쪽 끝단에 있는 '0의 나열'은 전부 '1의 나열'이 돼. 이 예시에서 보면 오른쪽 끝 000000은 111111이 되지.

$$n = \cdots 000000000000010011101\boxed{000000}$$

$$\overline{n} = \cdots 111111111111101100010\boxed{111111}$$

유리 응….

나 여기서 $\overline{n}$에 1을 더하면 $-n$의 비트 패턴이 되는데, 이때 받아올림이 일어나지.

유리 $\overline{n}$에 1을 더하면 받아올림이 계속 이어지는 거지?

나 맞아. $\overline{n}$의 오른쪽 끝단으로 1이 계속 이어지는 한, 받아올림도 계속되지.

$$
\begin{aligned}
n &= \cdots 0000000000000100111010000000 \\
\overline{n} &= \cdots 1111111111111011000101111111 \\
-n = \overline{n} + 1 &= \cdots 1111111111111011000110000000
\end{aligned}
$$

받아올림이 멈추는 위치

유리 아하….

나 '받아올림이 멈추는 위치'가 어디냐면,

$\overline{n}$을 오른쪽 끝단부터 읽어서 제일 처음 나오는 0의 위치

가 돼. 다시 말하면,

n을 오른쪽 끝단부터 읽어서 제일 처음 나오는 1의 위치

가 되는 거지.

유리 오른쪽 끝단에 있는 1이잖아!

나 n과 −n을 써서 비트 단위의 논리곱을 계산해 보면….

유리 '받아올림이 멈추는 위치'만 1이 되는구나!

$$n = \cdots 0000000000000100111010000000$$

$$-n = \overline{n} + 1 = \cdots 1111111111111011000110000000$$

$$n \mathbin{\&} -n = \cdots 0000000000000000000010000000$$

나 맞아. '받아올림이 멈추는 위치'보다 왼쪽에 있는 비트는 모두, 반전한 비트끼리의 &을 빼게 되니까 전부 0이지.

유리 응응.

나 그리고 '받아올림이 멈추는 위치'보다 오른쪽에 있는 비트는 모두 받아올림으로 0이 된 비트와의 &을 빼서 전부 0이 돼.

유리 그렇기 때문에 n & −n에서 오른쪽 끝단의 1만 남는다고 할 수 있지!

나 그렇지.

유리 리사 언냐 대단하다!

나 응?

유리 응?

"둘이서 나눠요. 당신은 내 것 아닌 부분으로, 나는 그 이외의 부분으로."

제3장의 문제

●●● 문제 3-1 (정수를 5비트로 나타내기)

'비트 패턴과 정수의 대응표(4비트)'(p.138)의 5비트 버전을 만드시오.

비트 패턴	부호 제외	부호 포함
00000	0	0
00001	1	1
00010	2	2
00011	3	3
⋮	⋮	⋮

(해답은 p.306)

●●● 문제 3-2 (정수를 8비트로 나타내기)

아래 표는 '비트 패턴과 정수의 대응표 (8비트)'의 일부이다. 빈 칸을 채우시오.

비트 패턴	부호 제외	부호 포함
00000000	0	0
00000001	1	1
00000010	2	2
00000011	3	3
⋮	⋮	⋮
☐	31	☐
☐	32	☐
⋮	⋮	⋮
01111111	☐	☐
10000000	☐	☐
⋮	⋮	⋮
☐	☐	−32
☐	☐	−31
⋮	⋮	⋮
11111110	☐	☐
11111111	☐	☐

(해답은 p.308)

●●● 문제 3-3 (2의 보수 표현)

4비트의 경우 2의 보수 표현은

$$-8 \leq n \leq 7$$

라는 부등식을 충족하는 n을 모두 나타낼 수 있다. N비트의 경우에 2의 보수 표현이 나타낼 수 있는 정수 n의 범위를 위와 같은 부등식으로 나타내시오(단, N은 양의 정수이다).

(해답은 p.310)

●●● 문제 3-4 (오버플로)

4비트를 사용해 정수를 부호 없이 표시한다. '모든 비트를 반전하고 1을 더하기'라는 계산으로 오버플로가 발생하는 정수는 몇 개 있을까?

(해답은 p.312)

●●● 문제 3-5 (부호 반전으로 변하지 않는 비트 패턴)

4비트의 비트 패턴 중 '모든 비트를 반전하고 1을 더하고, 오버플로한 비트는 무시'하는 조작을 했을 때 변하지 않는 비트 패턴을 모두 찾으시오.

(해답은 p.312)

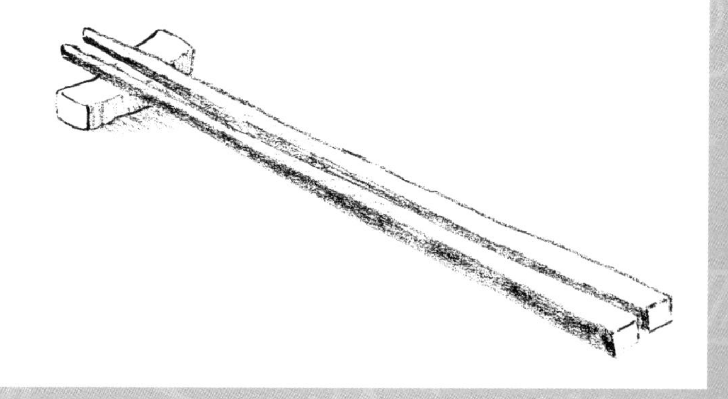

제4장

플립 트립

“뒷면의 뒷면은 앞면이 될까?”

4-1 나라비쿠라 도서관

여기는 나라비쿠라 도서관.

나는 오늘 미르카가 불러서 이곳에 왔다. 〈신출귀몰 픽셀〉 행사도 이미 한참 전에 끝나서 이제 특별한 일도 없을 텐데. 실제로, 출입구에 사람들도 거의 안 보인다.

이벤트 홀에 들어서자, 커다란 스크린에 뭔가 게임 같은 영상이 흘러나오고 있었다.

주르륵 나열된 8개의 돌이 빙글빙글 돌아가며 흰색과 검은색으로 반전을 반복하고 있었다.

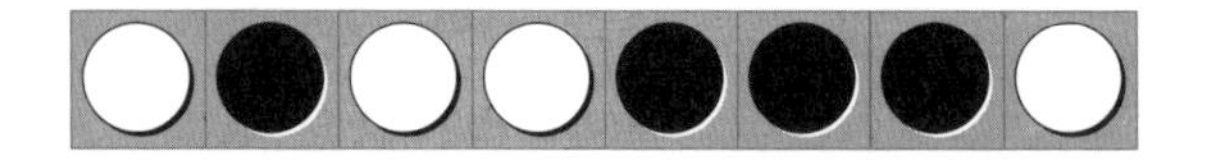

스크린 앞에는 컨트롤러를 조작하고 있는 미르카가 서 있었고, 그 옆에는 리사도 있었다.

검고 긴 머리의 미르카와 붉은 머리의 리사, 두 사람은 나란히 서서 스크린을 올려다보고 있다.

나 애들아, 뭐 해?

미르카 아차.

에러 음이 울리면서 스크린에 'ERROR!'라고 표시되었다.

ERROR!

리사 집중력 부족.

미르카 마침 잘됐네. 저 친구도 왔고, 잠깐 쉬자.

미르카는 리사에게 그렇게 말하며, 나를 향해 미소를 지었다.

나 둘이 게임하고 있었나 보네.

미르카 아니, 이건 혼자 하는 게임. **플립 트립**이야. 단순하지만 재밌어.

나 플립 트립?

미르카 나는 〈신출귀몰 픽셀〉 행사에 참가하지 않았으니까. 너도 참가 못 했지? 리사에게 다시 한 번 기자재를 꺼내달라고 했어. 같이 놀자구.

리사 민폐야.

무심해 보이는 말투로 리사가 말하면 딱히 민폐인 것 같지도 않다. 나는 손수레에 싣고 온 컴퓨터와 컨트롤러의 접속을 체크하고 있는 리사에게 다가갔다.

나 〈신출귀몰 픽셀〉 얘기, 유리한테 들었어. 리사한테 컴퓨터에 대해 배웠다고 엄청 좋아하던데.

리사 뭐, 별로 대단한 얘기한 건 아니야.

리사는 허스키한 목소리로 그렇게 말하고는 가볍게 기침을 했다.

4-2 플립 트립

나 그래서, 플립 트립이란 게 어떤 게임인데?

미르카 돌 8개짜리 〈플립 트립 8〉은 너무 어려우니, 4개짜리로 가자. 〈플립 트립 4〉야.

리사 설명 패널.

플립 트립 4에 대한 설명 (기본 조작법)

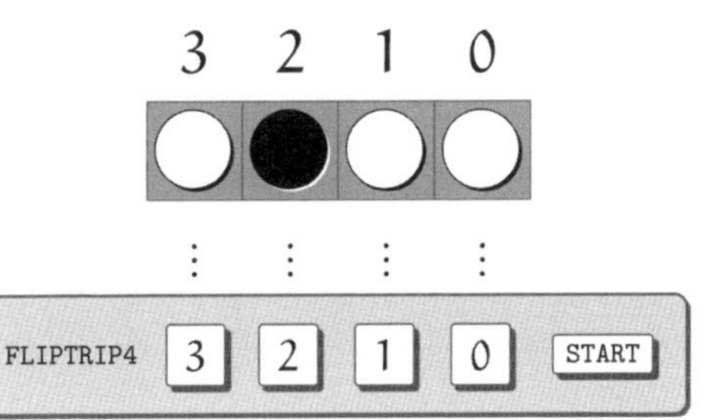

- 판 위에 4개의 돌이 있다. 앞면이 백이고 뒷면이 흑이다.
- 돌에는 3, 2, 1, 0이라는 번호가 붙어 있다.
- START 버튼을 누르면 돌은 모두 흰색이 된다.
- 컨트롤러에는 4개의 반전 버튼이 있다.
- 반전 버튼에도 3, 2, 1, 0이라는 번호가 붙어 있다.
- 반전 버튼을 누르면 대응하는 돌이 흑백 반전을 한다.

나 어…어?

리사 컨트롤러는 여기.

나는 리사로부터 플립 트립 4의 컨트롤러를 받아 START를 눌렀다.

그러자 스크린에 4개 나열된 백돌이 표시되었다.

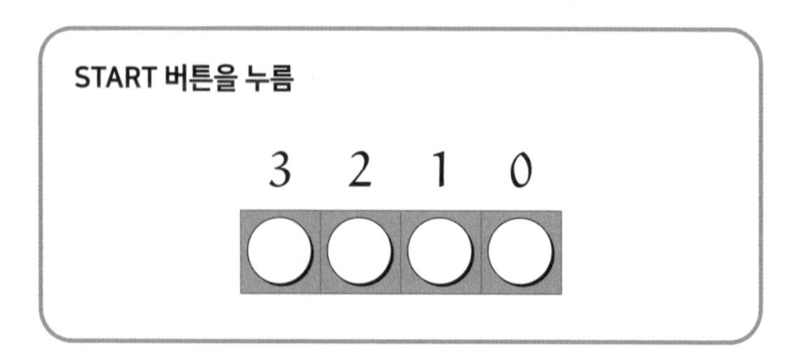

나 반전 버튼을 누르면 흰색과 검은색이 반전한다는 거지? 예를 들어, 반전 버튼 1을 누르면 '백백흑백'이 되는 거야?

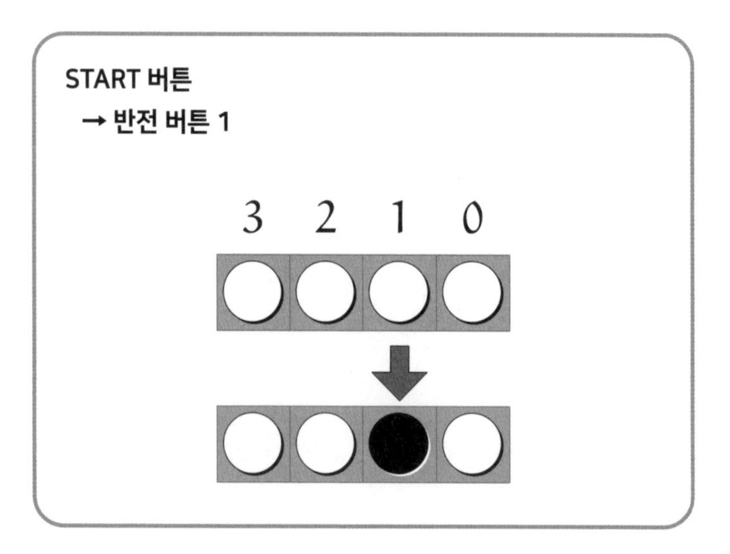

리사 백백흑백.

나 됐네. 그럼 반전 버튼 0을 누르면 '백백흑흑'이 되고?

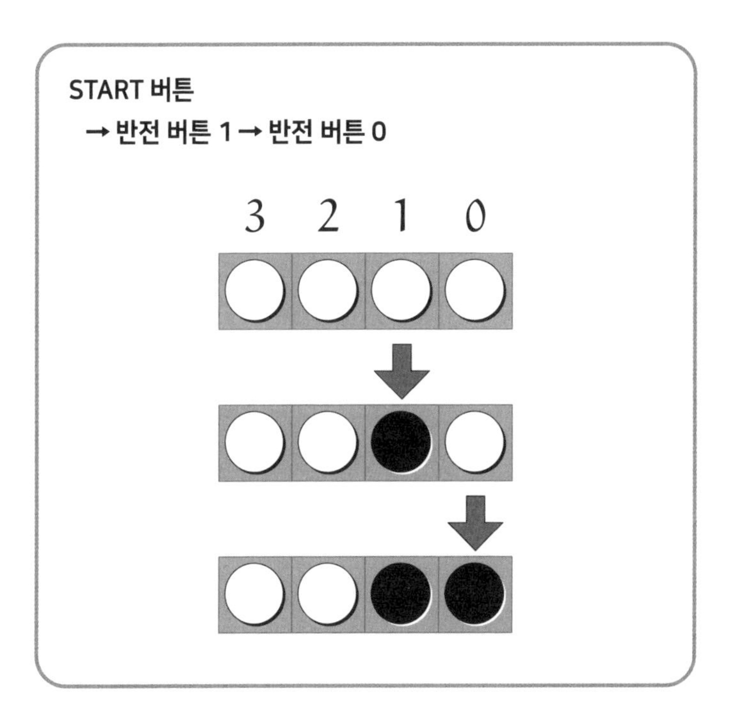

미르카 백이라면 흑이 되고, 흑이라면 백이 되지.

나 그럼 반전 버튼 0을 다시 한 번 누르면 '백백흑백'으로 돌아오겠네.

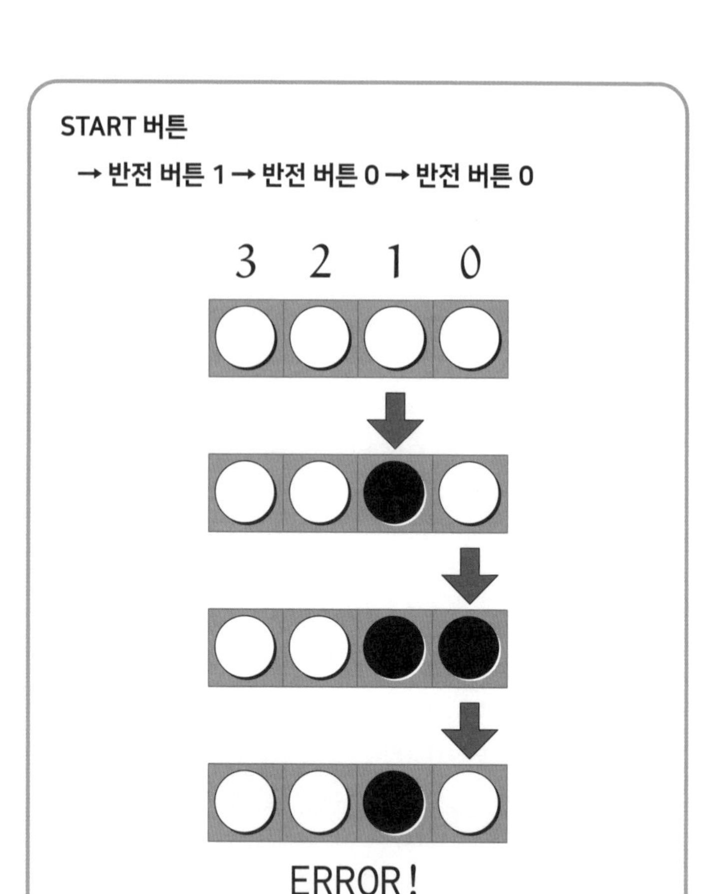

내가 반전 버튼 0을 누르자, 판이 다시 '백백흑백'으로 돌아왔다.

하지만 에러 음이 울리면서 'ERROR!' 표시가 뜨고 말았다.

나 어엇? 에러가 뜨는데?

미르카 **같은 패턴이 두 번 나오면 에러**가 뜨게 되어 있어. 네가 START 버튼을 누른 후 '백백흑백'은 이미 나왔지. 지금 에러가 뜬 건, '백백흑백'이 두 번째로 나왔기 때문이야.

리사 설명 패널.

플립 트립 4에 대한 설명 (에러와 풀 트립)

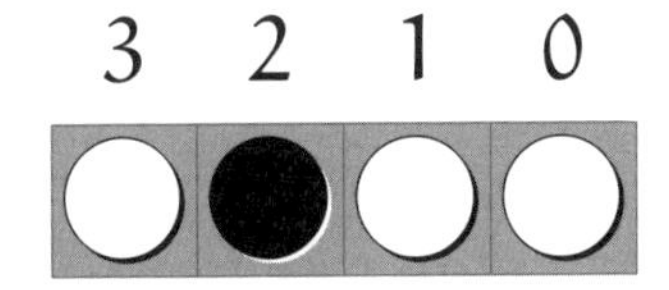

- START 버튼을 누른 후부터 나오는 패턴은 모두 기록된다.
- 반전 버튼을 눌렀을 때 지금까지 나왔던 패턴이 다시 한 번 나오면 에러가 뜨면서 게임 종료, 플레이어의 패배.
- 모든 패턴을 다 사용하면 **풀 트립**이 되면서 게임 종료, 플레이어의 승리.

나 아하, 그런 규칙이구나. 한 번 등장했던 패턴이 다시 나와

버리면 패배라…. 그렇다면, 이 게임은 같은 패턴을 만들지 않도록 반전 버튼을 계속 눌러서 **백과 흑의 모든 패턴을 만드는 게임**이구나.

미르카 단적으로 말하면 그런 거지.

나 아까 한 건

백백백백 → 백백흑백 → 백백흑흑 → 백백흑백

으로, 백백흑백이 두 번 나왔으니 에러가 됐던 거고….

리사 중복 패턴 금지.

나는 어떻게 해야 이길 수 있을지 생각에 잠겼다.

나 4개의 돌이 있고, 각각 백과 흑 두 가지씩 존재하니까, 패턴은 모두 $2^4 = 16$개야.

$$\underbrace{2 \times 2 \times 2 \times 2}_{4\text{개}} = 2^4 = 16$$

과거의 패턴이 다시 나오지 않게 하려면 지금까지 나온 패턴을 외워두면 되는 거지?

미르카 뭐, 굳이 외우고 싶다면 말이지.

나 앗, 굳이 외우지 않아도 되겠다. 2진법을 써서 세 나가면 될 테니.

미르카 그 말은?

미르카는 미심쩍은 듯 소리를 냈다.

나 백이 0이고 흑이 1이라 할 때, 4개의 돌이 만들어내는 패턴을 생각하는 건, 2진법 4자릿수가 되는 수를 생각하는 거랑 같잖아? 4비트. 그래서 수를 세는 것처럼

0000 → 0001 → 0010 → 0011 → 0100 → 0101 → ⋯

라는 비트 패턴을 순서대로 만들어 나가면 돼. 그렇게 하면 모든 패턴을 다 사용할 수 있으니까⋯ 아차! 그렇게 하면 안 되는구나!

미르카 안 되지.

10진법	2진법
0	0000
1	0001
2	0010
3	0011
4	0100
5	0101
6	0110
7	0111
8	1000
9	1001
10	1010
11	1011
12	1100
13	1101
14	1110
15	1111

나 그러면 안 되겠구나. 2진법으로 나타냈을 때의 '다음 수'가, 반드시 반전 버튼 한 번 만에 만들어지는 건 아니니까 말이야.

미르카 그렇지.

나 0000에서 0001을 만들 수는 있어. 반전 버튼 0을 누르면 돼. 하지만 그다음은 이미 끝. 반전 버튼 한 번으로 0001에서 0010을 만드는 건 불가능해. 0001에서 0010을 만들려면 비트를 두 개 반전시켜야 하니 말이야. 게다가 어떤 두 개를 반전시킬지도 주의가 필요해. 만일 0001의 비트를 반전시키면 0000이 되어 버려서….

미르카 …거기서 에러가 뜨게 되지.

리사 중복 패턴 금지.

나 한 번 누르기만 해서 0001에서 0010을 만들 수는 없지만, 주의해서 두 번 누르면 만들 수 있어. 0001을 먼저 반전하는 게 아니라 0001을 먼저 반전해서 0011을 만들고, 그다음 0011을 반전해서 0010을 만들면 되니까… 그렇군, 이 게임의 요점을 이제 알 것 같다.

- 0000부터 시작해서 1비트씩 반전하고
- 같은 비트 패턴을 만들지 않도록 하면서
- 모든 비트 패턴을 사용한다. 그러기 위해서는,
- 반전 버튼을 어떤 순서대로 누르면 좋을까?

미르카 바로 그거야.

나 엇… 그런데 그런 게 가능한가?

미르카 플립 트립이라면 가능해. 내가 보여주지.

나 잠깐, 기다려 봐. 지금 생각하고 있잖아….

미르카는 내 말에는 아랑곳하지 않고 나에게서 컨트롤러를 낚아채서는, 엄청난 속도로 버튼을 누르기 시작했다. 너무 빨라서 어떤 버튼을 누르고 있는지 알 수가 없었다. 눈 깜짝할 새에 'FULLTRIP(풀 트립)!'이라는 글씨가 스크린에 표시되었다.

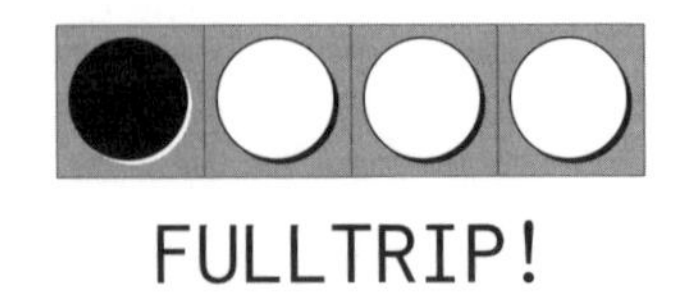

FULLTRIP!

나 으으응… 풀 트립이 가능하다는 건 알겠어.

●●● **문제 4-1 (플립 트립 4)**

START 버튼을 누른 후, 반전 버튼 3, 2, 1, 0을 어떤 순서대로 누르면 풀 트립을 할 수 있을까?

3 2 1 0

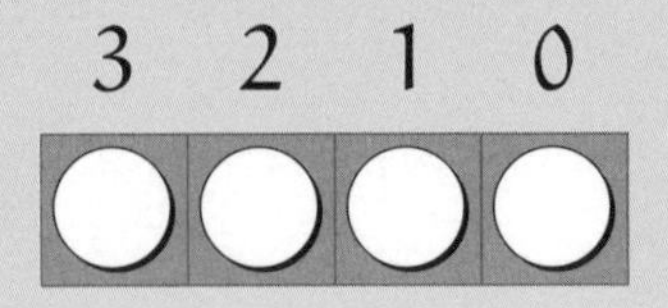

4-3 비트 패턴 따라가기

리사 START.

나 이해를 돕기 위해 예시를 들어보라는 원칙에 따라, 일단은 먼저 구체적인 예시부터 만들어봐야겠지. 시행착오를 겪어 보는 거야. START를 누른 직후에는 0000이지. 여기서 1비트씩만 반전해서 다른 비트 패턴으로 진행해 볼게. 첫수는 어느 비트를 건드려도 잘못되지는 않을 테니까, 반전 버튼 0을 눌러보자.

$$0000 \rightarrow 000\underline{1}$$

리사 0 → 1

미르카 흠. 하긴. 아무 비트나 골라도 되는 자유가 있으니까.

나 그다음 것도 할 수 있어. 방금 만들어진 0001의 1을 0으로 되돌리면 바로 에러가 뜨면서 게임이 종료되지. 그러니까 그 이외의 다른 0을 반전시키는 수밖에 없어. 즉, 반전하는 건 00$\underline{0}$1 아니면 0$\underline{0}$01 아니면 $\underline{0}$001 중 하나겠지? 어느 비트를 1로 만들어도 잘못되진 않을 테니, 어디 보자, 00$\underline{0}$1을 반전하는 것으로 해서 00$\underline{1}$1로 해 볼까나.

$$0000 \to 000\underline{1} \to 00\underline{1}1$$

리사 $0 \to 1 \to 3$.

나 이 흐름대로라면 0$\underline{1}$11로 진행하고 싶어지지만, 분명 잘못 되겠지.

미르카 왜 그렇게 생각하는데?

나 뭐랄까, 너무 한 길로만 쭉 가는 것 같아서, 그러니까 이번엔 0010으로 해 볼래.

$$0000 \to 000\underline{1} \to 00\underline{1}1 \to 001\underline{0}$$

미르카 흠.

리사 $0 \to 1 \to 3 \to 2$.

나 그다음은 어떻게 할까. 0011로는 갈 수 없고, 0000으로도 갈 수 없어. 이미 나온 패턴이라 에러가 뜨겠지. 아직 1로 바꾼 적 없는 비트··· 그러니까, 0$\underline{0}$10이나 $\underline{0}$010을 반전해서 1로 만들어 보는 수밖에 없겠네. 어느 쪽을 선택하든 마찬가지일 테니, 0$\underline{0}$10을 1로 해 봐야겠다.

$$0000 \to 000\underline{1} \to 00\underline{1}1 \to 001\underline{0} \to 0\underline{1}10$$

리사 0 → 1 → 3 → 2 → 6.

나 다음은 앞으로 나아갈지 되돌아올지… 어떻게 할까나.

미르카 나아갈지 되돌아올지?

나 0110을 1로 만들지 0110을 1로 만들지라는 두 가지 선택지가 있잖아. 0110은 아직 반전한 적이 없는 비트니까 나아가는 느낌이고, 0110은 이미 반전한 적이 있는 비트라 되돌아오는 느낌이 들어서 말이지.

미르카 오호.

나 음, 그래, 되돌아가는 쪽으로 해 보자! 0110을 1로.

$$0000 \to 0001 \to 0011 \to 0010 \to 0110 \to 0111$$

리사 0 → 1 → 3 → 2 → 6 → 7.

나 0111까지 왔으니 그다음은 받아올림이 일어나서 1000이 되나?

미르카 받아올림?

나 아차차, 아니다. 2진법이 아니었구나. 0111에서 어떤 비트를 반전할까… 음, 4가지 가능성이 있는 거지?

- 0111 → 0110은 이미 등장했기 때문에 불가.
- 0111 → 0101은 아직 등장하지 않았기 때문에 가능.
- 0111 → 0011은 이미 등장했기 때문에 불가.
- 0111 → 1111은 아직 등장하지 않았기 때문에 가능.

즉, 0101이거나 1111 중 하나란 말인데… 고민되네… 좋아, 0101로 해 보자!

0000 → 0001 → 0011 → 0010 → 0110 → 0111 → 0101

리사 0 → 1 → 3 → 2 → 6 → 7 → 5.

나 아하… 그다음은 0100이구나! 0101 다음은 4가지 가능성이 있는데, 그중에 아직 등장하지 않은 건 0100과 1101 2가지. 나는 0100으로 해야겠다.

0000 → 0001 → 0011 → 0010 → 0110 → 0111 → 0101 → 0100

리사 0 → 1 → 3 → 2 → 6 → 7 → 5 → 4.

미르카 1101이 아니라 0100을 선택한 이유가 뭐야?

나 리사가 선언하는 숫자가 뭔지 알아차렸어. 방금 전에도

$$0 \to 1 \to 3 \to 2 \to 6 \to 7 \to 5 \to 4$$

라고 말했는데, 이거, 지금까지 나온 비트 패턴을 10진법으로 고친 수열 맞지?

리사 ….

나 $0 \to 1 \to 3 \to 2 \to 6 \to 7 \to 5 \to \boxed{?}$의 시점에서, 0부터 7까지 중에 4만 아직 안 나온 것 같다는 생각이 들었어. 그래서 그다음엔 4를 나타내는 0100으로 해 본 거야.

미르카 리사가 카운팅한 게 힌트가 되어버릴 줄이야.

그렇게 말하며 미르카는 리사를 쳐다보았다.

리사는 눈을 슬며시 피했다.

리사 억울해.

나 힌트라고? 앗, 그렇구나. 여기에 숨은 규칙성이 있었네!

리사 긁어 부스럼을.

그렇게 말하며 리사는 미르카를 쳐다보았다.

미르카는 눈을 슬며시 피했다.

나 지금까지 8개의 비트 패턴이 나왔어. 전부 다 하면 16개니까 딱 절반까지 왔네. 풀(full) 트립의 절반, 이를테면 하프(half) 트립이랄까. 전반의 하프 트립이 이제 막 끝난 참이네.

미르카 하프 트립이라. 그런 개념도 괜찮은 듯.

전반 하프 트립

0000 → 0001 → 0011 → 0010 → 0110 → 0111 → 0101 → 0100

나 그렇군. 0에서 7까지니까, 이 전반 하프 트립에서 나온 비트 패턴은 모두 최상위 비트가 0이다! 그렇다면 후반 하프 트립은 최상위 비트가 1이겠네!

리사 힌트 조심.

미르카 …난 아무 말도 안 했어.

나 뭐, 좀 더 시행착오를 거치면서 찾아볼게. 0100에서 갈 수 있는 4가지 비트 패턴이 어떻게 되는지 보면…

- 0100 → 0101은 이미 등장했기 때문에 불가.
- 0100 → 0110은 이미 등장했기 때문에 불가.
- 0100 → 0000은 이미 등장했기 때문에 불가.
- 0100 → 1100은 아직 등장하지 않았기 때문에 가능.

…그래서 1100으로 결정됐네. 이건 당연한가. 왜냐면 최상위 비트가 0인 비트 패턴은 이미 모두 나왔으니까, 최상위 비트가 1이 될 수밖에 없어.

0000 → 0001 → 0011 → 0010 → 0110 → 0111 → 0101 → 0100 → 1100

리사 0 → 1 → 3 → 2 → 6 → 7 → 5 → 4 → 12.

미르카 ….

나 1100에서 0100으로 되돌아가는 루트는 있을 수 없어. 최상위 비트가 0이 되어버리니까 말이지. 1100에서 갈 수 있는 패턴은…

- 1100 → 1101
- 1100 → 1110
- 1100 → 1000

…인데, 어떤 걸 선택해도 되겠지. 후반 하프 트립은 이제 막 시작했으니, 최상위 비트가 1인 건 아무것도 나오지 않았잖아.

미르카 선택의 폭이 넓지.

나 맞아 맞아. 선택의 폭이 넓… 선택의 폭?

리사 엄청난 힌트.

그렇게 말하며 리사가 미르카를 쳐다보았다.

미르카 나도 모르게 그만.

미르카가 혀를 빼꼼 내밀었다.

둘이 대화를 주고받는 모습을 보며 나는 생각했다.

선택의 폭… 플립 트립의 START를 누른 직후에는 선택의 폭이 넓다. 아직 등장하지 않은 비트 패턴이 많이 남아 있어서, 반전해도 에러가 뜨지 않는 비트가 많을 것이다.

전반 하프 트립이 끝났다는 건, 최상위 비트가 0인 비트 패턴을 모두 사용한 것이다. 그렇기 때문에 최상위 비트는 계속 1인 상태를 유지해야 한다. 반전하는 비트의 선택의 폭이 줄었다는 뜻이다.

그렇다면 최상위 비트를 제외하고 생각해서….

나 있잖아, 미르카. 이거, 같은 걸 반복하는 거지?

미르카 글쎄?

나 무슨 말이냐면, 처음에 주어진 문제는 〈플립 트립 4〉였어. 즉, 0000에서 시작해 4비트짜리 모든 비트 패턴을 만든다는 문제라고.

미르카 흠.

나 그리고 지금 전반 하프 트립이 끝나고, 내 눈앞에 있는 문제들이 뭔지 봤더니, 〈플립 트립 3〉이라고!

미르카 ….

나 그렇구나. 그렇게 될 수밖에. 왜냐면, 이미 0***이라는 비트 패턴은 모두 등장했으니까, 나머지는 1***라는 비트 패턴밖에 없잖아. 즉, 후반 하프 트립에서 최상위 비트를 반전해서 0이 될 수는 없어. 〈플립 트립 4〉의 후반 하프 트립은 ***라는 3비트짜리 〈플립 트립 3〉과 같을 거라구!

미르카 예리하군. 그래서?

나 그래서? 라니?

미르카 그래서, 후반 하프 트립은 구체적으로 어떻게 되는데?

0000 → 0001 → 0011 → 0010 → 0110 → 0111 → 0101
→ 0100 → 1100 → ????

나는 생각했다. 여기까지 왔으니, 100부터 시작하는 〈플립 트립 3〉을 어떻게든 찾아내고 싶어….

4-4 후반 하프 트립

나 …알아냈어, 미르카. 지금은 〈플립 트랩 3〉이 필요해. 전반 하프 트립에서 바뀌지 않은 최상위 비트를 *로 숨기면, 000부터 100까지의 〈플립 트립 3〉을 찾을 수 있어.

전반 하프 트립

0000 → 0001 → 0011 → 0010 → 0110 → 0111 → 0101 → 0100

최상위 비트를 숨김

*000 → *001 → *011 → *010 → *110 → *111 → *101 → *100

미르카 흠.

나 이걸 역전하면 돼! 그러면 *100부터 시작하는 〈플립 트립 3〉을 찾을 수 있어.

전반 하프 트립에서 최상위 비트를 숨김

*000 → *001 → *011 → *010 → *110 → *111 → *101 → *100

역전하면 *100부터 시작하는 〈플립 트립 3〉을 찾을 수 있음

*000 ← *001 ← *011 ← *010 ← *110 ← *111 ← *101 ← *100

미르카 흐음….

미르카는 내가 만든 비트 패턴 열을 보면서 의미심장하게 콧소리를 냈다.

나 왜? 잘못된 부분 있어?

미르카 순서는 그대로 두고, *를 제외한 최상위 비트를 반전해도 되지 않을까 생각했을 뿐이야.

전반 하프 트립에서 최상위 비트를 숨김

*000 → *001 → *011 → *010 → *110 → *111 → *101 → *100

***을 제외한 최상위 비트를 반전함**

*100 → *101 → *111 → *110 → *010 → *011 → *001 → *000

나 이야…, 우연의 일치인가?

미르카 우연은 아니지만, 그래서?

나 아, 응. 그래서, 전반의 *을 0으로, 후반의 *을 1로 만들면 풀 트립이 완성이야!

0000 → 0001 → 0011 → 0010 → 0110 → 0111 → 0101 → 0100 전반

→ 1100 → 1101 → 1111 → 1110 → 1010 → 1011 → 1001 → 1000 후반

리사 0 → 1 → 3 → 2 → 6 → 7 → 5 → 4

→ 12 → 13 → 15 → 14 → 10 → 11 → 9 → 8.

미르카 반전 버튼을 누르는 순서는?

나 풀 트립 될 때까지 반전한 위치를 집어보면 금방 알 수 있어. 표시해볼게.

$0000 \to 000\underline{1} \to 00\underline{1}1 \to 001\underline{0} \to 0\underline{1}10 \to 011\underline{1} \to 01\underline{0}1 \to 010\underline{0}$ 전반

$\to \underline{1}100 \to 110\underline{1} \to 11\underline{1}1 \to 111\underline{0} \to 1\underline{0}10 \to 101\underline{1} \to 10\underline{0}1 \to 100\underline{0}$ 후반

미르카 흠.

나 그래서 반전 버튼을 누르는 순서는, 어디 보자, 이렇게 되겠다.

●●● 해답 예 4-1 (플립 트립 4)

반전 버튼을 아래 순서대로 누르면 풀 트립할 수 있다.

0, 1, 0, 2, 0, 1, 0, 3, 0, 1, 0, 2, 0, 1, 0

미르카 리드미컬해서 외우기 쉬운 수열이지.

나 잠깐! 이 수열 본 적 있는데! n & −n의 지수잖아!(p.168 참조)

$n = 2^m \cdot$ 홀수	2^m	$n \& -n$	m	반전 버튼
$1 = 2^0 \cdot 1$	$2^0 = 1$	1	0	0
$2 = 2^1 \cdot 1$	$2^1 = 2$	2	1	1
$3 = 2^0 \cdot 3$	$2^0 = 1$	1	0	0
$4 = 2^2 \cdot 1$	$2^2 = 4$	4	2	2
$5 = 2^0 \cdot 5$	$2^0 = 1$	1	0	0
$6 = 2^1 \cdot 3$	$2^1 = 2$	2	1	1
$7 = 2^0 \cdot 7$	$2^0 = 1$	1	0	0
$8 = 2^3 \cdot 1$	$2^3 = 8$	8	3	3
$9 = 2^0 \cdot 9$	$2^0 = 1$	1	0	0
$10 = 2^1 \cdot 5$	$2^1 = 2$	2	1	1
$11 = 2^0 \cdot 11$	$2^0 = 1$	1	0	0
$12 = 2^2 \cdot 3$	$2^2 = 4$	4	2	2
$13 = 2^0 \cdot 13$	$2^0 = 1$	1	0	0
$14 = 2^1 \cdot 7$	$2^1 = 2$	2	1	1
$15 = 2^0 \cdot 15$	$2^0 = 1$	1	0	0

나 n번째에 누를 반전 버튼의 번호를 m이라고 하면,

$$2^m = n \& -n$$

이 성립된다고?

미르카 같은 이야기이긴 하지만,

$$m = \log_2(n \mathbin{\&} -n)$$

이라고도 할 수 있지.

나 대체 뭐야, 이 m은!

리사 룰러 함수.

나 이름까지 있었다니….

리사 내 최애 중 하나.

4-5 룰러 함수

리사 룰러 함수의 정의.

룰러 함수 ρ(n)

룰러 함수 ρ(n)은

n을 2진법으로 표기했을 때,

오른쪽 끝단에 늘어선 0의 개수

라고 정의한다(단, n은 양의 정수이다).

n		ρ(n)
1	0001	0
2	0010	1
3	0011	0
4	0100	2
5	0101	0
6	0110	1
7	0111	0
8	1000	3
9	1001	0
10	1010	1
11	1011	0
12	1100	2
13	1101	0
14	1110	1
15	1111	0
⋮	⋮	⋮

나 룰러 함수라고?

리사 자(ruler) 함수.

나 특이한 이름이네.

미르카 왜 그런 이름이 붙었는지는 $y = \rho(n) + 1$의 그래프를 그려보면 알 수 있지.

나 오호라, 자의 눈금과 비슷해서 그런 이름이… 그런데 왜지? 분명 재미있긴 한데, 이유를 모르겠어. 대체 왜 플립 트립에 룰러 함수가 얽히는 거야?

미르카 **그레이 코드의 점화식**을 생각해보면 돼.

나 그레이 코드라고…?

리사 이것도 내 최애 중 하나.

4-6 그레이 코드

미르카 '그레이 코드'라는 이름은 물리학자인 프랭크 그레이*

---

* Frank Gray

의 이름에서 유래한 거야.

나 아, 그렇구나. 흰색도 검은색도 아니라는 의미인가 했네. 회색 코드라는 뜻이 아니구나.

미르카 1비트를 반전시킴으로써 다음 비트 패턴을 얻을 수 있는 비트 패턴 열을, 일반적으로 **그레이 코드**라고 해. 그레이 코드에는 여러 가지가 있지만, 그중에서도 표준적인 게 플립 트립 4에서 네가 만들었던 비트 패턴 열이야. 이걸 G_4라고 하자구. 그러면, G_4는 4비트짜리 그레이 코드의 일종이 돼. 표로 나타내면 이렇게 되지.

4비트짜리 그레이 코드의 일종인 'G_4'

G_4
0000
0001
0011
0010
0110
0111
0101
0100
1100
1101
1111
1110
1010
1011
1001
1000

나 그래서, 그레이 코드의 점화식이라는 건 뭐야?

미르카 방금 쓴 것은 4비트짜리 그레이 코드의 일종인데, 이 G_4를 일반화해서 비트 패턴 열 G_n을 정의해보려고 해. 그러기 위해서 점화식을 쓰는 거야.

나 점화식은 알겠는데, 그걸로 비트 패턴 열을 정의한다는 부분이 잘 이해가 안 돼….

미르카 G_n은 2^n개의 비트 패턴으로 이루어진 비트 패턴 열을 나타내고 있어. 예를 들어서 G_4라면 구체적으로 이렇게 쓸 수 있지.

$$
\begin{aligned}
G_4 = {} & 0000, 0001, 0011, 0010, 0110, 0111, 0101, 0100, \\
& 1100, 1101, 1111, 1110, 1010, 1011, 1001, 1000
\end{aligned}
$$

나 아아, 알겠다. 비트 패턴 열, 즉, 비트 패턴을 늘어놓은 것을 G_n이라고 쓰는 거구나. 그리고 G_n에 관한 점화식을 만든다…. 그건, G_{n+1}을 G_n으로 나타낸다는 의미지?

미르카 그렇지.

나 잠깐만. 점화식을 만들기 전에 '작은 수로 시험해보라'의 이론에 따라 해 보고 싶은데.

미르카 하긴 그래.

리사 G_1은 이거.

$$G_1 = 0, 1$$

나 G_2는 이건가?

$$G_2 = 00, 01, 11, 10$$

미르카 음.

나 G_3은 〈플립 트립 3〉에서 만든 비트 패턴 열.

$$G_3 = 000, 001, 011, 010, 110, 111, 101, 100$$

미르카 G_4는 이미 나왔고. 자, G_n에 관한 점화식을 만들자.

나는 생각에 잠겼다. G_n에 관한 점화식을 만든다… 그건 즉, G_n을 사용해 G_{n+1}을 나타내는 것이다. 실마리는… 있다, 물론,

- G_1에서 G_2를 만드는 방법
- G_2에서 G_3을 만드는 방법
- G_3에서 G_4를 만드는 방법

을 생각하는 것이다. 자, 그렇다면….

나 …응, 어느 정도 감이 왔는데, 어떤 계산을 쓸 수 있는 걸까?

미르카 어떤 계산이라 하면?

나 등차수열 $a_1, a_2, a_3, \cdots$을 점화식으로 정의하면,

$$\begin{cases} a_1 = \text{'첫 항'} \\ a_{n+1} = a_n + \text{'공차'} \ (n = 1, 2, 3, \cdots) \end{cases}$$

처럼 합(+)이라는 계산을 사용하고,

등비수열 $b_1, b_2, b_3, \cdots$을 점화식으로 정의하면,

$$\begin{cases} b_1 = \text{'첫 항'} \\ b_{n+1} = b_n \times \text{'공비'} \ (n = 1, 2, 3, \cdots) \end{cases}$$

처럼 곱(×)이라는 계산을 사용하잖아. 그런데,

$$G_1, G_2, G_3, \cdots$$

을 생각할 땐, 비트 패턴 열이 나열된 열을 생각하는 게 돼. 비트 패턴 열에 대한 계산은 어떻게 하면 돼?

미르카 어떻게 하면 될까? 물론 정의하면 돼. 비트 패턴 열에 대한 계산을 정의하는 거지.

나 으음… 어떤 식이 되는지 바로 알 수는 없구나.

미르카 이봐. 식에 집착하기 전에 먼저 말로 표현해 봐야 할 거

아니야.

미르카는 집게손가락으로 자신의 입술을 가리키며 말했다.

나 그런가… 하긴 그렇네. 나는 〈플립 트립 3〉에서 〈플립 트립 4〉를 만들었을 때와 같은 방법을 쓰면 되지 않을까 생각했던 거야. 예를 들어, G_1에서 G_2를 만든다면 이렇게.

G_1에서 G_2를 만드는 방법

- 먼저 $G_1 = 0, 1$의 각 비트 패턴의 왼쪽 끝단에 0을 넣어, 00, 01을 만든다. 이게 '전반'이 된다.
- 다음으로 G_1을 역전해서 1, 0을 만들고, 각 비트 패턴의 왼쪽 끝단에 1을 넣어, 11, 10을 만든다. 이게 '후반'이 된다.
- 마지막으로 '전반'과 '후반'을 연결하면 G_2가 만들어진다.

$$G_2 = \underbrace{00,\ 01,}_{\text{전반}}\ \underbrace{11,\ 10}_{\text{후반}}$$

미르카 잘 알겠어.

나 같은 방식으로 G_2에서 G_3을 만드는 방법에도 쓸 수 있어.

G_2에서 G_3를 만드는 방법

- 먼저 G_2 = 00, 01, 11, 10의 각 비트 패턴의 왼쪽 끝단에 0을 넣어,

  000, 001, 011, 010

  을 만든다. 이게 '전반'이 된다.
- 다음으로 G_2을 역전해서 10, 11, 01, 00을 만들고, 각 비트 패턴의 왼쪽 끝단에 1을 넣어,

  110, 111, 101, 100

  을 만든다. 이게 '후반'이 된다.
- 마지막으로 '전반'과 '후반'을 연결하면 G_3가 만들어진다.

$$G_3 = \underbrace{000, 001, 011, 010}_{\text{전반}}, \underbrace{110, 111, 101, 100}_{\text{후반}}$$

미르카 하프 트립에서 풀 트립을 만들겠다는 거네. 일반화하면….

나 응. G_n에서 G_{n+1}을 만드는 방법은 이렇게 쓸 수 있어.

G_n에서 G_{n+1}를 만드는 방법

- 먼저 G_n의 각 비트 패턴의 왼쪽 끝단에 0을 넣어 '전반'을 만든다.
- 다음으로 G_n을 역전하고 그 각 비트 패턴의 왼쪽 끝단에 1을 넣어 '후반'을 만든다.
- 마지막으로 '전반'과 '후반'을 연결하면 G_{n+1}이 만들어진다.

미르카 네가 하는 방법에 나오는 계산은 세 가지야.

- 비트 패턴 열을 구성하는 각 비트 패턴, 그 왼쪽 끝단에 0이나 1을 넣음으로써 새로운 비트 패턴 열을 얻는 계산.
- 비트 패턴 열을 역전하여 새로운 비트 패턴 열을 얻는 계산.
- 비트 패턴 열을 두 개 연결하여 새로운 비트 패턴 열을 얻는 계산.

이것들을 식으로 쓸 수 있도록 정의하면 점화식을 만들 수 있지.

비트 패턴 열 G_n의 점화식

비트 패턴 열 G_n의 점화식은 다음과 같다.

$$\begin{cases} G_1 = 0, 1 \\ G_{n+1} = 0G_n, 1G_n^R \quad (n \geq 1) \end{cases}$$

단,

- $0G_n$은 G_n의 각 비트 패턴의 왼쪽 끝단에 0을 넣어 얻을 수 있는 새로운 비트 패턴 열을 나타낸다.
- G_n^R은 G_n을 역전하여 얻을 수 있는 새로운 비트 패턴 열을 나타낸다.
- $1G_n^R$은 G_n^R의 각 비트 패턴의 왼쪽 끝단에 1을 넣어 얻을 수 있는 비트 패턴 열을 나타낸다.
- $0G_n, 1G_n^R$은 $0G_n$과 $1G_n^R$을 연결하여 얻을 수 있는 새로운 비트 패턴 열을 나타낸다.

라고 한다.

나 그렇군. $0G_n$이나 $1G_n^R$같은 표기는 굉장히 대담한 것 같아.

리사 표기 중요.

나 분배법칙과 비슷하네.

$$G_3 = 000, 001, 011, 010, 110, 111, 101, 100$$

$$G_3^R = 100, 101, 111, 110, 010, 011, 001, 000$$

$$0G_3 = 0(000, 001, 011, 010, 110, 111, 101, 100)$$

$$= 0000, 0001, 0011, 0010, 0110, 0111, 0101, 0100$$

$$1G_3^R = 1(100, 101, 111, 110, 010, 011, 001, 000)$$

$$= 1100, 1101, 1111, 1110, 1010, 1011, 1001, 1000$$

미르카 이 점화식을 사용하면 임의의 양의 정수 n에 대해 G_n이 그레이 코드로 되어 있다는 것도 증명할 수 있어.

나 G_n이 그레이 코드로 되어 있다는 건, 옆에 있는 비트 패턴끼리 1비트만 차이가 난다는 뜻이겠구나.

미르카 맞아. G_n이 그레이 코드라면, G_n^R도 확실하게 그레이 코드야. 그리고 전반과 후반의 연결고리가 되는 2개의 비트 패턴은 최상위 비트만 다르지.

나 응응, 그렇구나. 전반은 $0G_n$이 되고 후반은 $1G_n^R$가 되고. 그렇기 때문에 그 연결고리가 되는 건 $0G_n$의 맨 마지막과 $1G_n^R$의 맨 처음이고, 최상위 비트만 달라. n = 3이라면 이렇게 되겠구나.

$$G_{3+1} = \underbrace{0000,\ 0001,\ \cdots,\ 0100}_{0G_3},\ \underbrace{1100,\ \cdots,\ 1001,\ 1000}_{1G_3^R}$$

미르카 G_n의 점화식을 보면 룰러 함수가 G_n에서 반전시키는 비트 위치가 되는 이유도 알 수 있지. 즉, G_n에 포함된 비트 패턴의 개수는 2^n개 있고, G_{n+1}의 전반 $0G_n$과 후반 $1G_n^R$에서 전환되는 비트 위치는 n이니까. n = 3이라면 이렇게 되겠네. 전반과 후반에서 전환되는 것은 2^3의 자리. 즉 비트 위치는 3이야.

$$G_{3+1} = \underbrace{0000,\ 0001,\ \cdots,\ 0100}_{2^3\text{개}},\ \underbrace{1100,\ \cdots,\ 1001,\ 1000}_{2^3\text{개}}$$

나 앗… 이해했어. 그렇구나, 엄청난데!

미르카 룰러 함수는 하노이의 탑도 풀어낼 수 있어.

나 뭐?

리사 이것도 내 최애 중 하나.

4-7 하노이의 탑

리사 하노이의 탑은 이거야.

리사는 손수레 안에서 원목으로 만든 하노이의 탑을 꺼냈다.

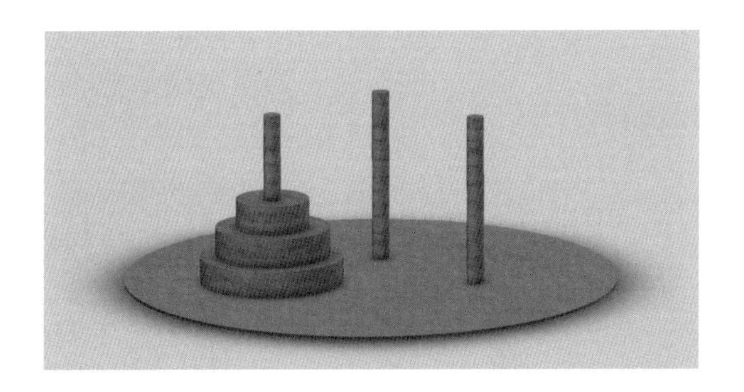

나 아니, 하노이의 탑이라면 유명한 퍼즐이라서 나도 알고 있어.

하노이의 탑

세 개의 기둥이 있고, 구멍이 뚫린 원반이 기둥에 끼워진 상태로 겹쳐져 있다. 원판은 모두 크기가 다르고, 작은 원판 위에 큰 원판을 올릴 수 없다. 한 개의 기둥에 모든 원판이 모여 있는 상태에서 시작해, 한 번에 한 개씩 원판을 이동하여 모든 원판을 다른 기둥에 모아라.

미르카 룰러 함수는 하노이의 탑도 풀어낼 수 있지. 원판에 작은 것부터 0, 1, 2 이렇게 번호를 붙여 보면 알 수 있어.

나 으음… 잠깐 그것 좀 빌려줘.

나는 리사에게서 하노이의 탑을 빌려 움직여 보다가 놀라움을 금치 못했다.

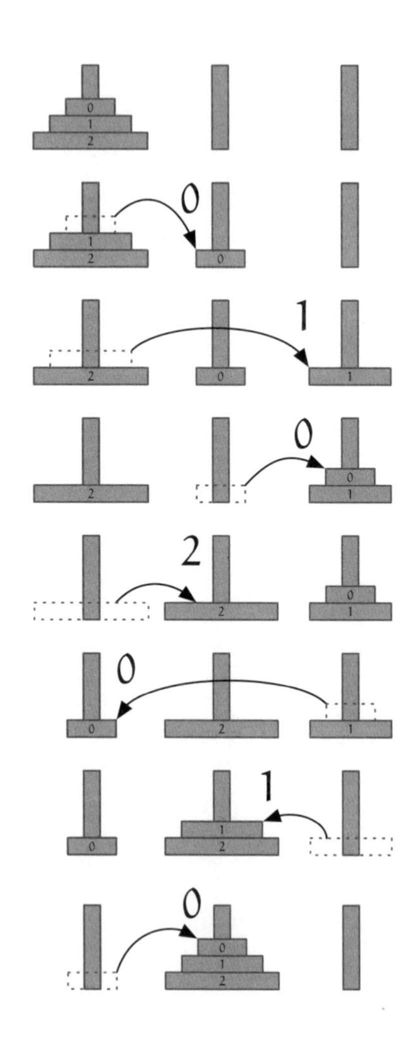

리사 0, 1, 0, 2, 0, 1, 0.

나 정말이네…. 뭐지, 이건!

미르카 하노이의 탑의 n번째 수에서 어떤 원판을 움직일지를 알고 싶다면 룰러 함수에 물어보면 돼. ρ(n)을 움직이면 된다고 알려 줄 거야.

n		ρ(n)	원판
1	0001	0	0
2	0010	1	1
3	0011	0	0
4	0100	2	2
5	0101	0	0
6	0110	1	1
7	0111	0	0
⋮	⋮	⋮	⋮

나 이런….

미르카 그레이 코드, 룰러 함수, 하노이의 탑….

리사 전부 다 내 최애(콜록).

"적군의 적군은 아군이 될 수 있을까?"

제4장의 문제

●●● 문제 4-1 (풀 트립에 도전)

본문에서 '나'는

$$0000 \to 000\underline{1} \to 00\underline{1}1 \to 001\underline{0} \to \cdots$$

와 같이 진행했다(p.196). 내가 선택하지 않았던 다른 길,

$$0000 \to 000\underline{1} \to 00\underline{1}1 \to 0\underline{1}11 \to \cdots$$

로는 풀 트립할 수 있을까?

(해답은 p.315)

●●● 문제 4-2 (룰러 함수)

룰러 함수 $\rho(n)$을 점화식으로 정의하시오.

n	1	2	3	4	5	6	7	8	9	10	11	12	13	14	15	⋯
$\rho(n)$	0	1	0	2	0	1	0	3	0	1	0	2	0	1	0	⋯

(해답은 p.316)

●●● 문제 4-3 (비트 패턴 열의 역전)

p.205에서 미르카가 말한 비트 패턴 열의 역전과 최상위 비트의 반전에 대해 알아보자. n은 1 이상의 정수라고 가정한다. G_n을 p.218에서 설명한 비트 패턴 열이라고 가정한다.

- G_n^R을 G_n을 역전한 비트 패턴 열이라고 가정한다.
- G_n^-을 G_n의 모든 최상위 비트를 반전시킨 비트 패턴 열이라고 가정한다.

이때,

$$G_n^R = G_n^-$$

임을 증명하시오.

예를 들면 G_3 = 000, 001, 011, 010, 110, 111, 101, 100에 대해 $G_3^R = G_3^-$이 되는 모습은 아래와 같다.

$$\begin{aligned} G_3^R &= (000, 001, 011, 010, 110, 111, 101, 100)^R \\ &= 100, 101, 111, 110, 010, 011, 001, 000 \\ G_3^- &= (000, 001, 011, 010, 110, 111, 101, 100)^- \\ &= 100, 101, 111, 110, 010, 011, 001, 000 \end{aligned}$$

(해답은 p.317)

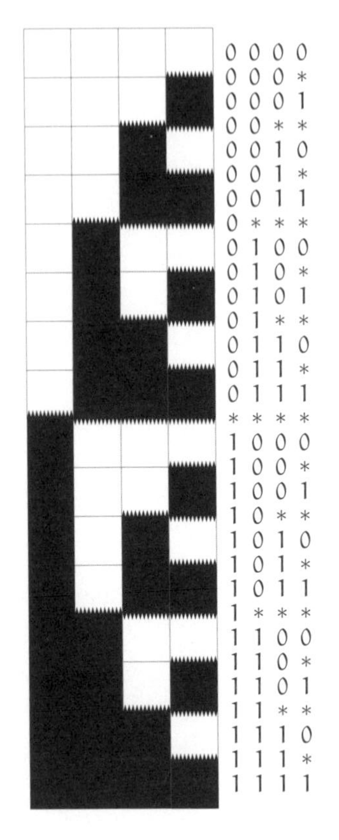

2진법

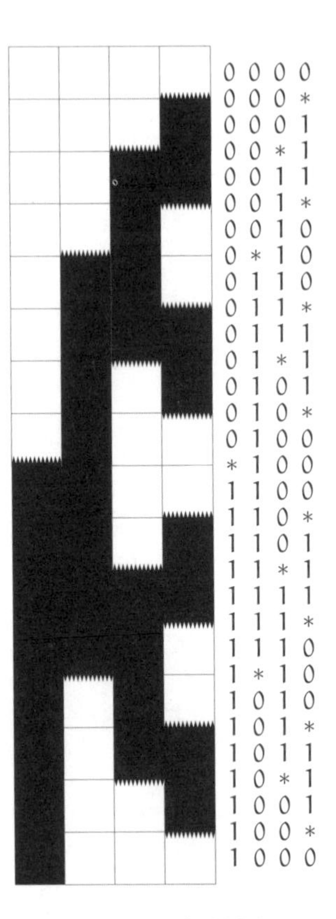

그레이 코드의 예 (G_4)

종이 위에 흰색과 검은색의 패턴을 그린 후, 4개의 수광기가 나열된 센서를 써서 종이 윗단부터 어디까지 위치에 있는지를 알아봅니다.

각각의 수광기는 흰색일 경우 0을, 검은색일 경우 1을 검출하고 총 4비트의 위치 데이터를 얻을 수 있습니다. 하지만 흰색과 검은색의 경계선에서는 약간의 밀림이나 인쇄 상태의 문제로 0과 1 중 어떤 걸 얻게 될지 불안정해지는 경우가 있으며, 4비트 중에 0과 1로 불안정한 비트가 섞일 수 있다고 가정합니다(앞 페이지의 * 부분).

2진법에 따라 나열한 경우(왼쪽), 불안정한 비트에 의해 위치가 크게 달라질 위험성이 있습니다. 예를 들어, 가운데의 0111과 1000의 경계선에서는

****

라는 상태가 되므로, 4비트의 위치 데이터가 전부 달라질 위험성이 있습니다.

그레이 코드의 예(G_4)에 따라 나열한 경우(오른쪽), 불안정한 비트가 섞여 들어가도 바로 위아래에 있는 위치 데이터 중 하나

가 되기 때문에, 크게 달라질 위험성은 없습니다. 이는 그레이 코드가 1비트씩만 변한다는 성질을 가지고 있기 때문입니다. 예를 들어, 가운데에 있는 0100과 1100의 경계선에서는

*100

라는 상태이므로, 불안정한 비트가 0이 되면 바로 위의 0100이 되고, 불안정한 비트가 1이 되면 바로 아래의 1100이 됩니다.

제5장

불 대수

"'2'가 '사과 두 개'밖에 나타낼 수 없다면 무슨 쓸모가 있겠는가."

5-1 도서실에서

여기는 고등학교 도서실. 지금은 방과 후이다.

내가 계산을 하고 있자, 바람처럼 미르카가 다가왔다.

미르카 테트라는?

나 글쎄, 나도 잘… 오늘은 안 온 모양이야.

미르카 흐음….

미르카는 물 흐르듯 자연스럽게 내 옆으로 다가와 앉아서는 내 노트를 들여다봤다. 얼굴이 너무 가까워. 가까워. 가까워.

나 ….

미르카 얼굴이 빨개졌네. 또 독감이야?

나 독감이 그렇게 몇 번이나 걸리는 건 줄 알아? 지난번에도, 미르카 너한테 옮았을 거라구. 분명 그때….

미르카 그때 언제?

나 …아냐, 아무것도.

미르카 무라키 선생님이 보낸 '카드'가 왔어.

수학 선생님인 무라키 선생님은 가끔 우리에게 '카드'를 보내주신다. '카드'에는 수학 문제가 쓰여 있을 때도 있고, 의미심장한 수식만 달랑 적혀 있기도 했다.

우리는 '카드'를 계기로 이것저것 생각하기도 하고, 리포트를 정리하기도 했다. 수업이나 시험과는 상관없는 자유로운 활동, 우리의 즐거움이었다.

이번에 보내주신 '카드'는….

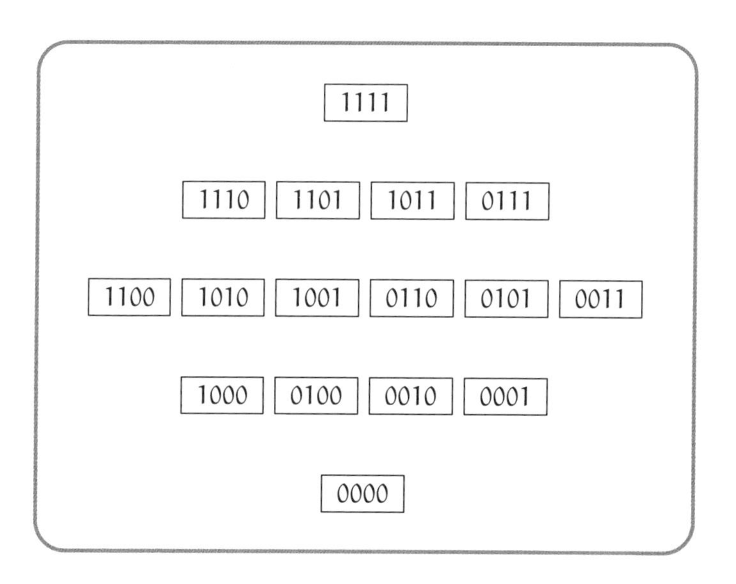

나 아아, 이건 0부터 15까지의 수를 2진법으로 나타낸 거네. 0000부터 1111까지 4비트로 된 모든 비트 패턴이 나열되어

있어. 각각의 비트는 0 아니면 1, 이렇게 두 가지니까 4비트면 $2^4 = 16$가지야.

미르카 흠. 틀린 말은 아니야. 그렇다면 이 순서에는 어떤 의미가 있을까?

미르카는 즐거움 섞인 말투로 나에게 묻는다.

나 이 비트 패턴의 배치 말이구나. 응, 그건 나도 눈치채서 알고 있었어. 비트 패턴은 '1의 개수'를 고려해서 위아래로 나열되어 있어. 가장 아래에 있는 0000에는 1이 하나도 없어, 즉 0개. 그리고 위로 올라갈 때마다 1의 개수는 $0 \to 1 \to 2 \to 3 \to 4$ 이렇게 늘어나고 있고 말이야.

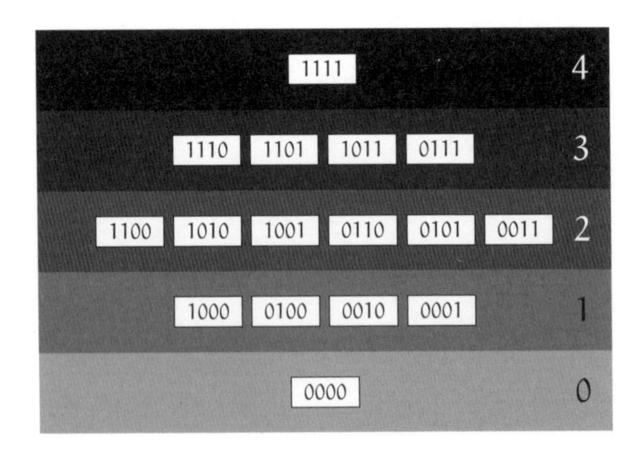

'1의 개수'에 주목

미르카 알고 있었다니.

나 당연하지. 수를 세는 건 기본 중의 기본이니까. 가장 아래에 있는 0000에는 1이 0개, 가장 위에 있는 1111에는 1이 4개야.

미르카 가장 아래가 최솟값, 가장 위가 최댓값이네.

나 행별로 '비트 패턴의 개수'도 셌다구. 1, 4, 6, 4, 1. 이건 **이항계수**잖아.

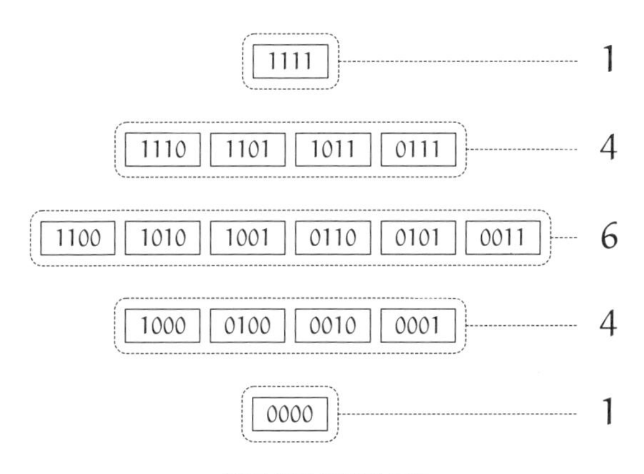

'비트 패턴 개수'에 주목

미르카 흠.

나 $(x+y)^4$를 전개하면

$$(x+y)^4 = \underline{1}x^4y^0 + \underline{4}x^3y^1 + \underline{6}x^2y^2 + \underline{4}x^1y^3 + \underline{1}x^0y^4$$

처럼 계수가 1, 4, 6, 4, 1이 되지. 이항계수가 나오는 이유도 쉽게 알 수 있어. '4비트의 비트 패턴을 결정'한다는 말은 '4비트 중 1로 만들 비트를 선택'한다는 말로 바꿔 말할 수 있으니 말이야. 1이 k개 있는 비트 패턴 개수는 4비트 중에서 k비트를 선택하는 조합의 수,

$$ {}_4C_k = \binom{4}{k} = \frac{4!}{(4-k)!\,k!} $$

와 같아. 이건 그야말로 이항계수잖아?

$$ {}_4C_4 = \binom{4}{4} = \frac{4!}{(4-4)!\,4!} = \frac{4!}{0!\,4!} = \frac{4\times3\times2\times1}{1\times(4\times3\times2\times1)} = 1 $$

$$ {}_4C_3 = \binom{4}{3} = \frac{4!}{(4-4)!\,3!} = \frac{4!}{1!\,3!} = \frac{4\times3\times2\times1}{1\times(3\times2\times1)} = 4 $$

$$ {}_4C_2 = \binom{4}{2} = \frac{4!}{(4-4)!\,2!} = \frac{4!}{2!\,2!} = \frac{4\times3\times2\times1}{(2\times1)\times(2\times1)} = 6 $$

$$ {}_4C_1 = \binom{4}{1} = \frac{4!}{(4-4)!\,1!} = \frac{4!}{3!\,1!} = \frac{4\times3\times2\times1}{(3\times2\times1)\times1} = 4 $$

$$ {}_4C_0 = \binom{4}{0} = \frac{4!}{(4-4)!\,0!} = \frac{4!}{4!\,0!} = \frac{4\times3\times2\times1}{(4\times3\times2\times1)\times1} = 1 $$

미르카 흠. 물론 맞긴 한데, 전개할 때 1의 개수가 같은 비트 패

턴을 세로로 정리해보는 것도 재밌지.

나 세로로 정리…라니, 어떤 식으로?

미르카 이런 식으로.

$$
\begin{aligned}
&(0+1)^4 \\
&= (0+1)(0+1)(0+1)(0+1) \\
&= (00+01+10+11)(0+1)(0+1) \\
&= \left(00+\begin{Bmatrix}01\\10\end{Bmatrix}+11\right)(0+1)(0+1) && \text{세로로 정리} \\
&= \left(000+001+\begin{Bmatrix}010\\100\end{Bmatrix}+\begin{Bmatrix}011\\101\end{Bmatrix}+110+111\right)(0+1) \\
&= \left(000+\begin{Bmatrix}001\\010\\100\end{Bmatrix}+\begin{Bmatrix}011\\101\\110\end{Bmatrix}+111\right)(0+1) && \text{세로로 정리} \\
&= 0000+0001+\begin{Bmatrix}0010\\0100\\1000\end{Bmatrix}+\begin{Bmatrix}0011\\0101\\1001\end{Bmatrix} \\
&\qquad\qquad +\begin{Bmatrix}0110\\1010\\1100\end{Bmatrix}+\begin{Bmatrix}0111\\1011\\1101\end{Bmatrix}+1110+1111 \\
&= \underbrace{0000}_{1}+\underbrace{\begin{Bmatrix}0001\\0010\\0100\\1000\end{Bmatrix}}_{4}+\underbrace{\begin{Bmatrix}0011\\0101\\1001\\0110\\1010\\1100\end{Bmatrix}}_{6}+\underbrace{\begin{Bmatrix}0111\\1011\\1101\\1110\end{Bmatrix}}_{4}+\underbrace{1111}_{1} && \text{세로로 정리}
\end{aligned}
$$

나 앗, 이건 진짜 재밌네! 비트 패턴의 개수가 1, 4, 6, 4, 1이 된다는 걸 잘 알 수 있어.

미르카 그런데 나는 비트 패턴을 한 번 연결해보고 싶어.

나 비트 패턴을 연결한다니… 어떻게?

미르카 이렇게.

5-2 비트 패턴을 연결하기

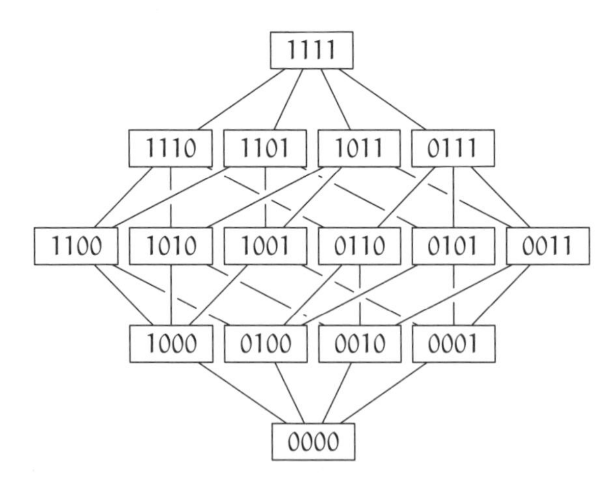

비트 패턴을 연결한 하세 도표

나 이건…?

미르카 비트 패턴을 연결해서 **순서관계**를 넣은 거야. 이런 도표를 일반적으로 **하세 도표**(Hasse Diagram)라고 해.

나 순서관계라기보단, 상하관계이려나?

미르카 순서관계는 수학 용어로, 상하관계나 대소관계를 추상화한 거야. 하세 도표는 순서관계를 보기 쉽게 나타낸 도표이고.

x보다 y를 위쪽에 배치하고 x와 y를 변으로 연결한다.

이것으로

x보다 y가 크다

라는 순서관계를 나타내지.

나 그렇구나.

미르카 단, 하세 도표에서는 x보다 y가 크다고 해서 x와 y의 사이에 반드시 변이 있다고 볼 순 없어.

나 뭐라고?

미르카 하세 도표에서는 'x보다 m이 크고 그 m보다도 y가 더 큰' 그런 m이 존재할 때, x와 y를 굳이 변으로 연결하지 않기 때문이야.

나 그렇군. x에서 m을 거쳐서 y까지 변을 따라가면, x보다 y

가 크다는 걸 알 수 있기 때문일까?

미르카 그렇지.

나 그나저나 하세 도표에서 순서관계를 나타낼 수 있는 건 알겠는데, 미르카 넌 지금 비트 패턴의 크고 작음을 어떤 규칙으로 결정한 거야?

미르카 딱 보면 알 수 있는데.

나 으으음… 비트 패턴에서 위로 가는 '변의 개수'를 세어보면 4개, 3개, 2개, 1개, 이렇게 줄어드는 사실은 금방 알 수 있지만….

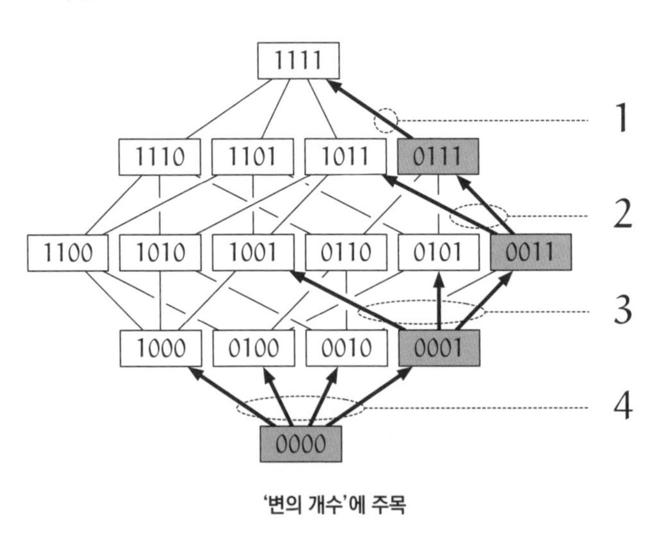

'변의 개수'에 주목

미르카 '변의 개수'를 센 건가.

나 응, 맞아… 아아, 뭐야, 쉽잖아. 미르카 너의 '비트 패턴을 연결하는 규칙'이 뭔지 알았어. 이 도표에서는 **1비트 반전한 비트 패턴끼리 연결**하고 있는 거구나.

미르카 정답.

나 예를 들어서, 가장 아래에 있는 0000에는 0이 4개 있고, 반전하는 0에 대응해서 4개의 비트 패턴으로 연결되어 있어.

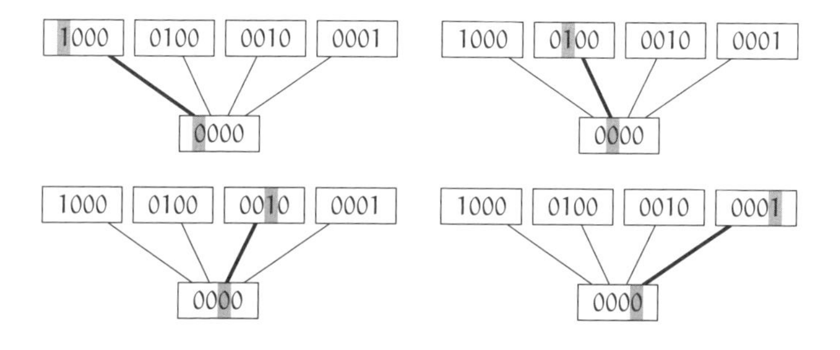

미르카 변으로 이어진 위아래의 비트 패턴을 비교하면 1비트만 다르지. 아래쪽에 있는 0 중 하나가 위쪽에서 1이 돼.

나 응, 그렇다면 변의 개수가 아래에서부터 순서대로 4, 3, 2, 1 이렇게 줄어드는 건 납득할 수 있겠어. 왜냐하면 가장 아래에 있는 비트 패턴은 0000이기 때문에, 어떤 0을 1로 바꿀지에 대한 가능성은 4가지가 있지. 변을 따라 위쪽으로 갈 때마다 1이 늘어나는… 즉, 0은 점점 줄어드는 셈이니까, 어떤 0을 1로 바꿀지에 대한 가능성 역시 줄어든다는 거지?

미르카 그렇지.

나 하지만 여기서 어딘가로 갈 수 있는 걸까?

미르카 네가 원한다면 어디로든.

미르카는 그렇게 말하며 안경테를 만졌다.

나 뭐?

5-3 순서관계

미르카 많다 · 적다, 크다 · 작다, 높다 · 낮다, 넓다 · 좁다, 앞 · 뒤, 위 · 아래, 포함하다 · 포함되다, 덮다 · 덮이다, 싸다 · 싸이다…. 이렇게 우리가 친숙하게 알고 있는 관계들을 추상화한 것. 이걸 수학에서는 **순서관계**라고 해. 어떤 집합에 대해 순서관계를 결정할 때, 그 집합과 순서관계를 묶어서 **순서집합**이라고 부르고. 집합에서 순서집합을 구성하는 걸 '집합에 **순서구조**를 넣는다'라고 표현하기도 하지.

미르카가 '강의 모드'에 들어간 듯하다.

나 순서관계, 순서집합, 순서구조….

미르카 4비트로 이루어진 비트 패턴 전체의 집합을 B_4라고 명명하고, 이 하세 도표에 나타나 있는 순서관계에 대해 자세히 살펴보도록 하자.

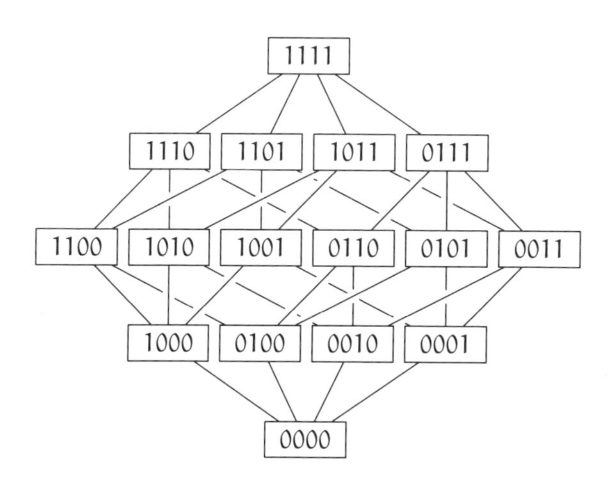

$$B_4 = \{0000, 0001, 0010, \cdots, 1111\}$$

나 좋아.

미르카 x와 y를 B_4의 원소라 하고, 이 하세 도표에서

x에서 n개의 변을 따라 위로 올라가, y까지 갈 수 있다

라는 관계를

$$x \leq y$$

라고 나타낼 거야. 단, n은 0 이상의 정수라고 하자. $n = 0$이어도 좋아. 한 마디로, 변을 전혀 따라가지 않는

$$x \leq x$$

도 성립된다고 보는 거지.

나 응, 그렇다면 예를 들어서

$0001 \leq 0001$	0001에서 0개의 변을 따라 위로 올라가, 0001까지 갈 수 있다
$0001 \leq 0011$	0001에서 1개의 변을 따라 위로 올라가, 0011까지 갈 수 있다
$0001 \leq 1101$	0001에서 2개의 변을 따라 위로 올라가, 1101까지 갈 수 있다

등이 성립된다는 거지?

미르카 그렇지. 그럼 퀴즈를 하나 낼게. $1111 \leq x$를 충족하는

x는 존재할 수 있을까?

나 1111은 가장 위에 있으니까 그런 x는 존재하지 않아… 아니, 존재하겠구나. 1111 자신이 그렇잖아. $1111 \leq x$를 충족하는 x는 1111뿐이야.

미르카 잘했어. 그렇다면 다음 퀴즈. $0001 \leq 1100$은 성립할 수 있을까?

나 $0001 \leq 1100$은 성립하지 않겠지. 0001에서 변을 따라 위로 올라가도 1100까지는 갈 수 없으니 말이야.

미르카 맞아. $0001 \leq 1100$은 성립할 수 없고, 좌우를 뒤바꾼 $1100 \leq 0001$ 역시 성립할 수 없어.

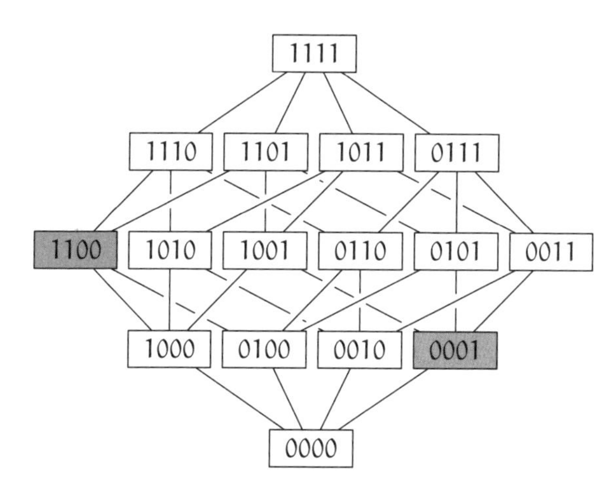

$0001 \leq 1100$과 $1100 \leq 0001$ 모두 성립할 수 없다

나 저기, 미르카. 그렇다는 건 0001과 1100은 순서를 매길 수 없는 거잖아? 그런데도 순서관계가 있다고 할 수 있어?

미르카 할 수 있어. 수학에서 순서관계라고 할 때는 2개의 원소 x와 y에 대해 $x \leq y$ 또는 $y \leq x$ 중 하나가 꼭 성립해야 하는 건 아니야. 그래서 순서관계를 **반(半)순서관계**라고 할 때도 있어.

나 반순서관계….

미르카 2개의 원소 x와 y에 대해 반드시 $x \leq y$ 또는 $y \leq x$가 성립된다고 보증하는 순서관계를 나타낼 때는 **전(全)순서관계**라는 다른 용어가 있지. 전순서관계는 반순서관계이기도 하지만 반순서관계는 전순서관계가 아닐 수도 있고, 전순서관계는 원소가 한 줄로 나열되지만 반순서관계는 한 줄로 나열되지 않을 수도 있지.

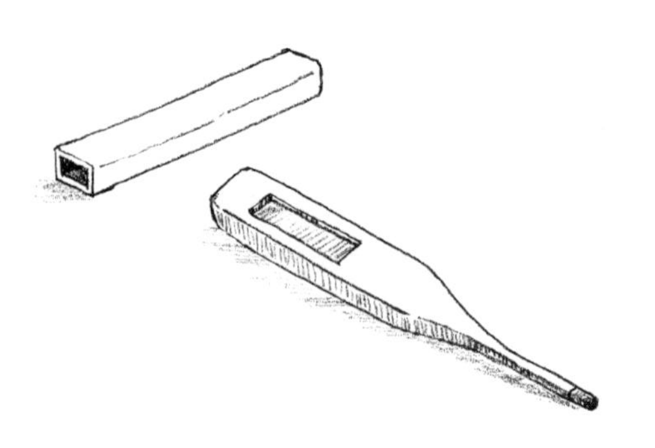

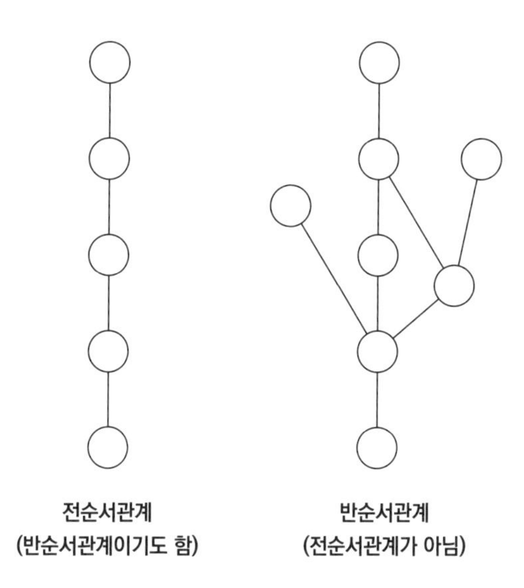

나 그렇구나.

미르카 예를 들어, 실수 전체의 집합에 수의 대소관계로 넣은 순서관계는 전순서관계이기도 하고 반순서관계이기도 해. 그에 반해, 집합 B_4에 $\leq$로 넣은 순서관계는 전순서관계는 아니지만 반순서관계이긴 하지… 일단 이건 차치하고 문제를 내 볼게. 집합 B_4에 대해 $x \leq y$라는 관계를 정의했는데, 이 $x \leq y$를 비트 단위의 논리합 $|$을 써서 나타내 보자.

●●● 문제 5-1 (순서관계의 표현)

4비트인 비트 패턴 전체로 이루어진 집단을 B_4라고 한다. B_4의 원소 x, y에 대해

x에서 n개의 변을 따라 위로 올라가, y까지 갈 수 있다

라는 관계를

$$x \leq y$$

라고 나타낸다(단, n은 0 이상의 정수이다). 이 $x \leq y$를 비트 단위의 논리합 |을 사용하여 나타내 보라.

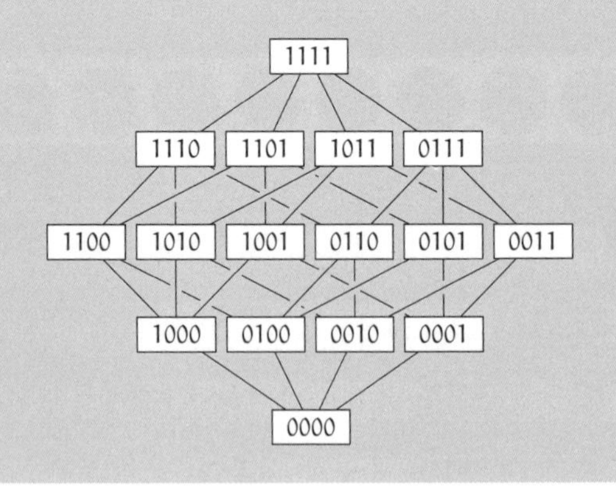

나 뭐, 뭐라고…?

나는 생각했다. $x \leq y$라는 것은 비트 패턴끼리의 관계다. 그것을 비트 단위의 논리합 |을 사용해서 표현한다라…. 이 문제의 의미는 잘 알겠는데, 하지만 어떻게 생각하면 좋을까?

비트 단위의 논리합

$0 \mid 0 = 0$ 양쪽 모두 0일 때만 0

$0 \mid 1 = 1$

$1 \mid 0 = 1$

$1 \mid 1 = 1$

미르카 ….

나 xy는 어떤 관계일까… 하세 도표로 말하면,

x에서 n개의 변을 따라 위로 올라가, y로 갈 수 있다

라는 것. 비트 패턴으로 말하면,

x에서 n개의 0을 1로 바꾸어, y로 갈 수 있다

라는 건데. 예를 들어 $00\underline{0}1$의 0을 1로 바꾸면 $00\underline{1}1$을 얻을 수 있으니까, $0001 \leq 0011$은 성립돼…. 하지만 그걸 어떻게

비트 단위의 논리합 |으로 나타낼 수 있지?

미르카 지금 묻고 있는 게 바로 그건데?

나 으음… 아, 그렇구나, x가 가지고 있는 0에서 몇 개를 1로 바꾸어 y가 되었다는 건, x에서 1인 곳은 y에서도 1이 되어 있을 거야. 즉, x의 1은 모두 y의 1로 덮어씌워져 있는 게 되네.

미르카 흠.

나 그렇지만… 그걸 어떻게 하면 비트 연산으로 나타낼 수 있는 거야?

한참 동안 생각했지만 결론이 안 나온다.

미르카 항복?

나 으으으음… 항복!

미르카 바로 이렇게 나타낼 수 있어.

●●● 해답 5-1 (순서관계의 표현)

$x \leq y$는

$$x \mid y = y$$

으로 나타낼 수 있다.

나 뭐어? 이걸로 정말 되는 걸까…. 먼저 좌변의 $x \mid y$는 비트 단위의 논리합이니까, x와 y 중 하나에 1이 있다면 1이 된다. 물론 비트별로 생각하는 거지만. 그게 우변의 y와 같다… 아, 그렇네! x의 1을 y의 1이 덮어씌운 거다!

미르카 물론 이건 $x \leq x$이어도 맞아. $x \mid x = x$는 항상 성립하기 때문이지. 지금은 비트 단위의 논리합 |을 써서 $x \leq y$를 나타냈지만, 비트 단위의 논리곱 &를 써서

$$x = x \,\&\, y$$

라고 나타낼 수도 있어.

나 그렇구나….

5-4 상계와 하계

미르카 순서관계 $x \leq y$를 비트 단위의 논리합이나 논리곱으로 나타내봤어. 이번에는 $x \mid y$와 $x \,\&\, y$를 순서관계로 나타내 보자구.

나 순서관계로 나타낸다고?

미르카 $x \leq a$를 충족하는 a를, x만을 원소로 가지는 집합 $\{x\}$

의 **상계**라고 해. 상계는 1개만 존재하지는 않아. 예를 들어 볼까?

{1100}의 상계는 1100, 1101, 1110, 1111의 4개가 있다.

또,

{0101}의 상계는 0101, 0111, 1101, 1111의 4개가 있다.

하세 도표로 보면 바로 알 수 있지.

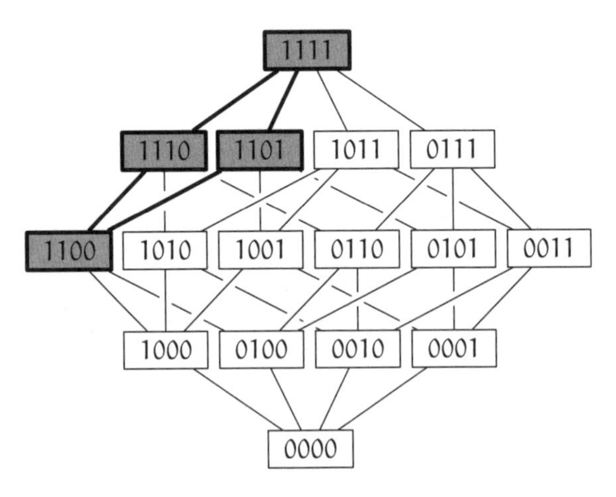

{1100}의 상계는 1100, 1101, 1110, 1111

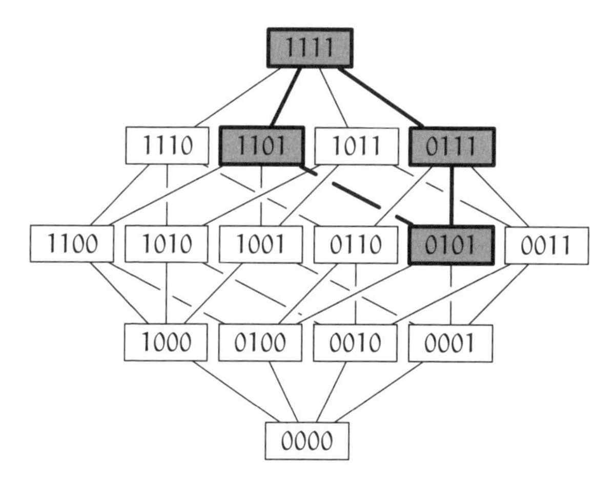

{0101}의 상계는 0101, 0111, 1101, 1111

나 $\{x\}$의 상계는 이를테면 'x 이상'의 원소인 거구나.

미르카 맞아. 마찬가지로 집합 $\{x_1, x_2\}$의 상계라고 하는 건 $x_1 \le a$와 $x_2 \le a$을 모두 충족하는 a를 말하지.

나 그렇구만.

미르카 그렇다면 퀴즈. {1100, 0101}의 상계는?

나 그건 쉽다. {1100}의 상계와 {0101}의 상계가 겹치는 곳에 있는 원소잖아. 즉, 1101과 1111 2개.

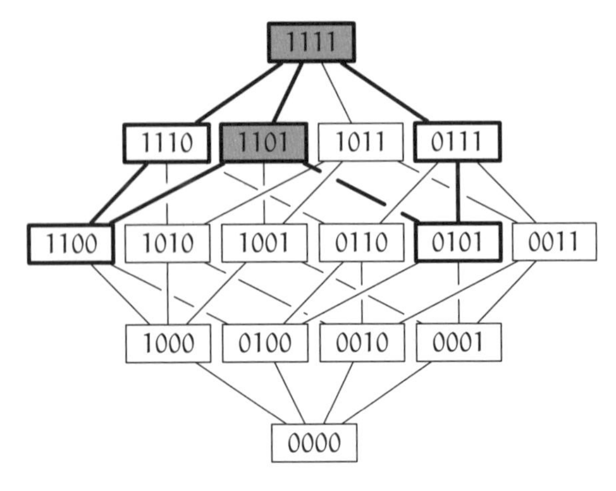

{1100, 0101}의 상계는 1101과 1111

미르카 잘했어. 자, 상계의 최소원이 만약 존재한다면 그걸 **상한**이라고 해. 상계의 최소원이란, 상계의 임의의 원소 x에 대해 $a \le x$가 성립할 수 있는 상계의 원소 a를 말하지. 상한은 최소 상계라고 할 수도 있어.

나 용어가 많이 나온다. 최소 상계가 상한이라.

미르카 퀴즈 하나 더. {1100, 0101}의 상한은?

나 상계는 아까 구했으니까, 1101과 1111 중 작은 쪽… 즉, 1101인가?

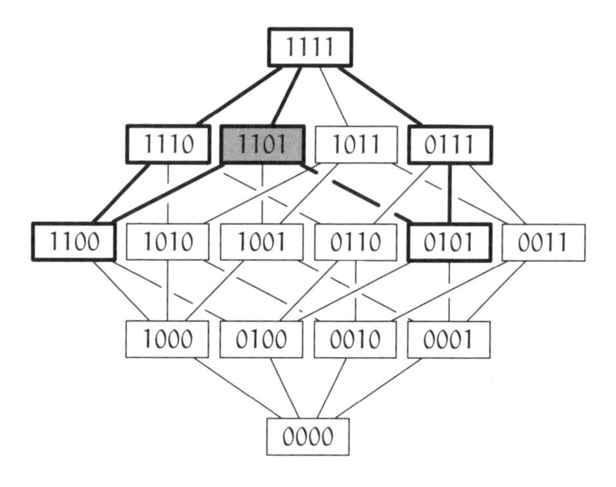

{1100, 0101}의 상한은 1101

미르카 딩동댕.

나 하세 도표를 보면, 상한은 '최소 공통 조상'이라는 걸 알 수 있구나.

미르카 '내 조상'에 나 자신을 포함한다면 그렇지.

나 앗, 그렇네.

미르카 순서관계를 써서 상한을 정의해 봤어. 자, 여기.

나 ?

미르카 1100과 0101의 비트 단위의 논리합 1100 | 0101은 {1100, 0101}의 상한과 같다. 모두 1101이 되지.

$$1100 \mid 0101 = 1101 = \{1100, 0101\}\text{의 상한}$$

나 에엥? 갑자기 왜 비트 단위의 논리합이 튀어나와?

미르카 집합 B_4의 임의의 원소 x_1, x_2에 대해,

$$x_1 \mid x_2 = \{x_1, x_2\}\text{의 상한}$$

이 성립돼. 비트 단위의 논리합을 순서관계로 나타낼 수 있어.

나 그렇구나… 깜짝 놀라긴 했지만 납득은 가네.

- x_1의 상계는 x_1이 가지는 0의 몇 개를 1로 바꾸어 얻을 수 있는 비트 패턴.
- x_2의 상계는 x_2가 가지는 0의 몇 개를 1로 바꾸어 얻을 수 있는 비트 패턴.

그리고 $\{x_1, x_2\}$의 상계는 그게 겹쳐 있는 부분이니까 x_1에서도, x_2에서도 0을 1로 바꾸어 얻을 수 있는 비트 패턴이야. 그중에서 최소의 비트 패턴은 x_1과 x_2의 1을 각자 가지고 와서 합친 게 되지. 즉, x_1과 x_2에 대한 비트 단위의 논리합이야.

미르카 상계와 상한의 위아래를 반전시킨 것도 있어. **하계**와 **하한**이야. 하한은 최대 하계라고도 해.

나 위아래를 반전… 이렇게 되는 거군.

상계	←----→	**하계**
상한(최소 상계)	←----→	**하한(최대 하계)**

미르카 비트 단위의 논리합을 상한으로 나타낸 것처럼, 비트 단위의 논리곱은 하한으로 나타낼 수 있어.

$$x_1 \,\&\, x_2 = \{x_1, x_2\}\text{의 하한}$$

나 예를 들자면, 1100 & 0101 = 0100이고, {1100, 0101}의 하한도 역시 0100인 거군. 이해했어.

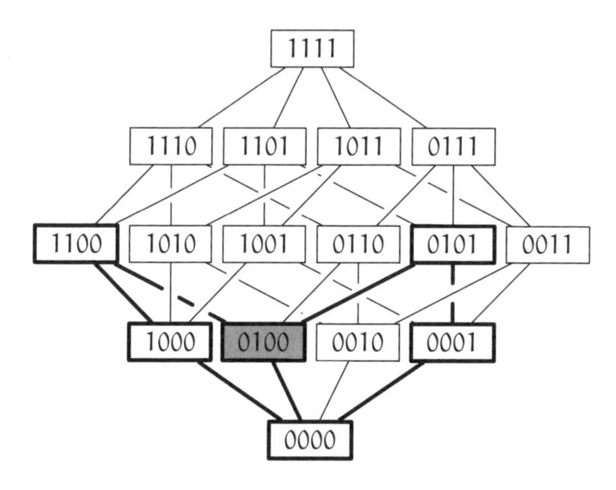

{1100, 0101}의 하한은 0100

5-5 최대원과 최소원

미르카 B_4에 넣은 순서관계 ≤로 인해, B_4의 **최대원**은 1111이야.

나 B_4의 임의의 원소 x에 대해 $x \leq 1111$이라고 할 수 있기 때문이구나.

미르카 B_4의 임의의 원소 x에 대해 $x \leq 1111$일 뿐 아니라, 1111이 B_4의 원소이니까.

나 1111이 집합 B_4의 최대원이다…라고 하기 위해서는 1111이 B_4의 원소인 것까지 포함시켜야 하는 거야?

미르카 그래. 일반적으로 집합 S의 최대원이 a라는 것은 S의 임의의 원소 x에 대해 $x \leq a$일 뿐 아니라 a가 S의 원소이기도 한 것까지를 말해. 또, 집합 S의 최소원이 a라는 건 S의 임의의 원소 x에 대해 $a \leq x$일 뿐 아니라 a가 S의 원소라는 것까지 포함하지.

나 이제 알겠어. 그러고 보니 상계의 최소원을 구할 땐, 그 최소원은 상계의 원소 중에서 찾았었지?(p.252)

미르카 1111은 B_4라는 집합 전체에서 유일한 상계이고 상한이기도 해. 1111이 최대원이라는 건 비트 연산을 사용해서 나타낼 수도 있어. B_4의 임의의 원소 x에 대해

$$x \mid 1111 = 1111$$

이 성립되지.

나 그렇군, 그렇군. 그리고 이것 역시 위아래를 반전할 수 있는 것 같은데? B_4의 **최소원**은 0000이고, B_4의 임의의 원소 x에 대해 $0000 \leq x$라고 할 수 있어. 0000은 B_4 전체에서 유일한 하계이고, 하한이기도 해. 0000이 최소원이라는 걸 비트 연산을 사용해서 나타내면 B_4의 임의의 원소 x에 대해

$$x \mathbin{\&} 0000 = 0000$$

이 성립해! B_4의 순서관계와 비트 연산이 서로 잘 대응되어 있는 것 같아.

미르카 음. 성립된 식의 $\leq$의 양변을 교환해서 0과 1을 반전하고 &와 |를 교환해도 역시 성립돼. 이런 성질에 대해 **쌍대(雙對)**라고 하지. 그런데, 순서관계와 비트 연산이 서로 잘 대응되어 있다고 한다면,

비트 반전을 순서관계로 나타내는 것

은 할 수 있을지?

5-6 보원

나 x의 비트 반전 $\overline{x}$를 순서관계로 나타낸다…. 으윽, 그건 좀 어려울 것 같은데. 예를 들어 1110을 비트 반전하면,

$$\overline{1110} = \overline{1}\,\overline{1}\,\overline{1}\,\overline{0} = 0001$$

로 0001이 되겠지만, 1110과 0001은 어떤 순서관계가 있는 걸까?

나는 하세 도표를 따라가면서 생각했다.

미르카 이미 알고 있는 지식을 사용해 봐.

나 예를 들면, 1110 | 0001 = 1111이 되는 건 알겠단 말이지. 즉, x | y가 최대원이 된다는 거잖아.

미르카 x | y는 순서관계로 나타낼 수 있는데?

나 앗, 그렇구나. {1110, 0001}의 상한이 1111이라는 최대원과 같다고 보면 되는구나. 그렇다면 이렇게?

$$\overline{x} = a \quad \Longleftrightarrow \quad \{x, a\}\text{의 상한} = \text{최대원} \qquad (?)$$

미르카 아니, 그것만으론 부족해. 제대로 한다면 이렇게.

$$\overline{x} = a \quad \Longleftrightarrow \quad \begin{array}{c} \{x, a\}\text{의 상한} = \text{최대원} \\ \text{이고} \\ \{x, a\}\text{의 하한} = \text{최소원} \end{array}$$

나 한 방 먹었네. 네 말대로 위의 것과 아래의 것 둘 다 필요했어. $\overline{1110} = 0001$을 하세 도표로 알아보면 이렇게 되는구나.

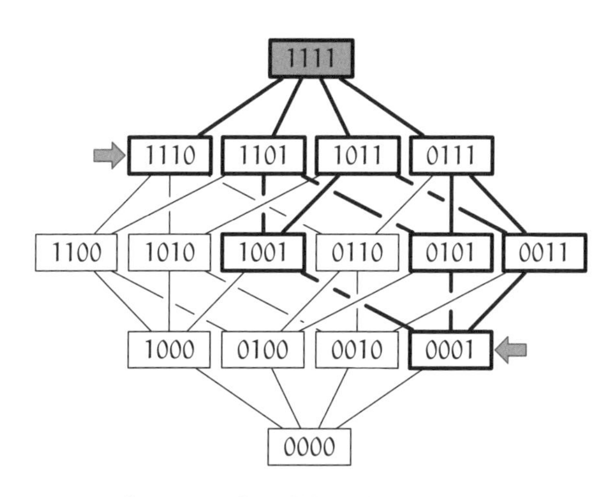

{1110, 0001}의 상한은 최대원 1111과 같다

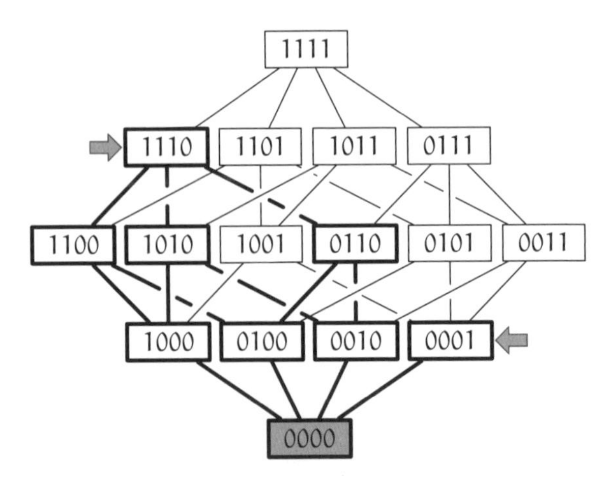

{1110, 0001}의 하한은 최소원 0000과 같다

미르카 $\{x, a\}$의 상한이 최대원과 같고, $\{x, a\}$의 하한이 최소원과 같을 때, a를 x의 **보원(補元)**이라고 해. 집합 B_4에서는 x의 보원은 x의 비트 반전 $\bar{x}$와 같지.

나 보원이라….

5-7 순서 공리

미르카 그런데 넌 순서관계의 정의를 알고 있어? 즉, $\leq$가 B_4의 순서관계로 되어 있다는 걸 확인하려면 어떻게 해야 할까?

나 추이법칙을 확인하면 되는 거였나?

미르카 아니, 추이법칙만으론 부족해. 일반적으로는 반사법칙, 반대칭법칙, 추이법칙을 확인해. 이게 바로 **순서 공리**야.

순서 공리

x와 y와 m은 집합 B의 임의의 원소이다.

반사법칙 $x \leq x$이다.

반대칭법칙 $x \leq y$이고 $y \leq x$라면 $x = y$이다.

추이법칙 $x \leq m$이고 $m \leq y$라면 $x \leq y$이다.

- 집합 B와, B상의 이항관계 ≤가 반사법칙, 반대칭법칙, 추이법칙을 충족할 때, ≤를 B상의 순서관계라 한다.
- 집합 B와, B상의 순서관계 ≤의 집합 (B, ≤)을 순서집합이라 한다.
- 집합 B를 순서집합(B, ≤)의 전순서집합(totally ordered set)이라 한다.
- 이항관계 ≤가 명확할 때는 (B, ≤)의 ≤를 생략하여 '집합 B는 순서집합이다'라고 할 수도 있다.

미르카 여기서는 일반적인 집합으로서 B라고 표현했지만, 우리가 생각하는 건 B_4야. (B_4, ≤)는 순서의 공리를 충족하는 순서집합이야.

나 반사법칙의 $x \leq x$라는 식은, '자신은 자신 이상'이라고 말하고 있는 셈이네.

미르카 뭐 그렇지. ≤가 아니라 <를 써서 순서관계를 정의할 때는, 반사법칙을 사용하지 않지만 그건 또 다른 부차적인 이야기이고.

나 반대칭법칙은 $x \leq y$이고 $y \leq x$라면 $x = y$이다… 이건 수의 성질로서 볼 땐 당연한 것 같은데.

미르카 순서의 공리는 순서관계가 충족해야 할 것들을 단적으로 나타내고 있어. 그렇다면 반대칭법칙이 배제하고 있는 상황에 대해선 아는지 모르겠네.

나 배제하고 있는 상황이란 게 무슨 뜻이야?

미르카 만일 반대칭법칙이 충족되지 않는다면 우리가 지금 구하려는 '순서 같은 것'의 일부를 잃게 돼. 반대칭법칙에 의해 보증되는 '순서 같은 것'이란 대체 뭘까?

나 추상적인 퀴즈네…. 으음, 반대칭법칙이 없다면 어떻게 될지 생각하라는 거야?

미르카 그렇지.

나 만약 반대칭법칙이 없다고 하면,

$$x \leq y\text{이고 } y \leq x\text{이지만 } x = y\text{는 아니다}$$

와 같은 x와 y가 존재하는 거니까…. 그렇구나, 이런 x와 y가 존재하게 되는구나. 화살표가 x에서 y로 향하는 걸 $x \leq y$로 나타내면 이렇게 돼.

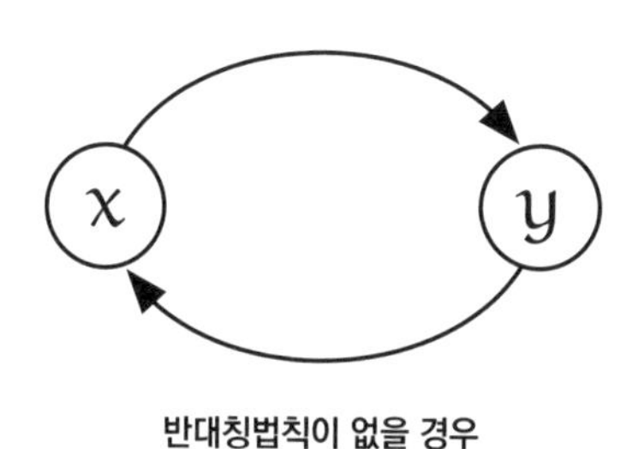

반대칭법칙이 없을 경우

미르카 바로 그거지.

나 반대칭법칙은 방향성 같은 걸 지키고 있는 건가?

미르카 방향성을 지키고 있다고 할 수도 있고, 반대칭성을 지키고 있다고도 할 수 있지.

나 하긴 그렇네.

미르카 반사법칙, 반대칭법칙, 추이법칙이라는 공리들은 각각 지금 표현하고자 하는 순서 같은 걸 지키기 위해 존재하는 거야.

나 추이법칙은 워낙 유명해서 잘 알고 있어. $x \leq m$이고 $m \leq y$일 때 $x \leq y$라는 건, 순서관계였다면 분명 충족하면 좋을 조건이지. 왜냐면, m이 x 이상이고, y가 그 m 이상이라면, y는 물론 x 이상이면 좋을 테니까. 그렇지 않으면 순서가 꼬인 느낌이 되잖아.

미르카 하세 도표로 $x \leq y$가 성립되는 모든 x와 y를 변으로 묶지 않아도 순서관계를 나타낼 수 있는 건, 바로 추이법칙 때문이야.

나 그렇구나.

미르카 하세 도표상의 변에 위를 향하는 화살표를 붙여 보자. 추이법칙은 화살표를 연장해서 도달할 수 있는 원소는 모두 크다는 걸 나타내고 있지. 예를 들어, 0011보다 큰 원소는 1111과 1011과 0111의 세 가지야.

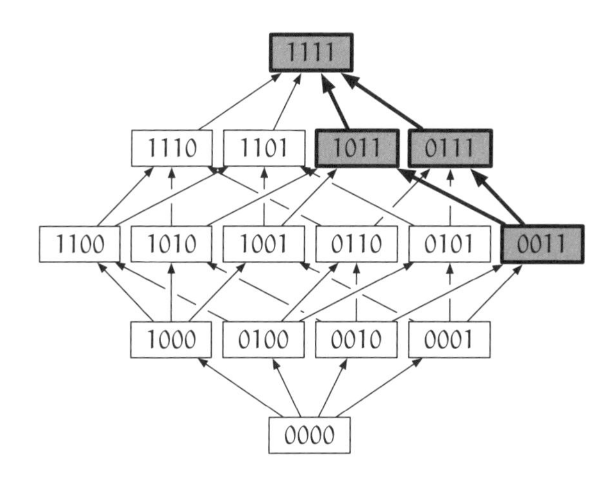

나 응응.

미르카 하세 도표에서는 '다음으로 큰' 것이나 '다음으로 작은' 것만 묶으면 돼. 추이법칙이 있으니까 나머지는 계속해서 가상으로 변을 연장할 수 있거든.

나 그런 것 같아.

미르카 그런데 B_4에 넣을 수 있는 순서관계는 한 종류가 아니야. 예를 들어서, 비트 패턴 0001과 1100 중 어느 쪽이 〈큰지〉는 어떤 순서관계를 넣는지에 따라 바뀌지. 예를 들어 2진법으로 생각한다면?

나 2진법으로 생각하면 $0001_{(2)} = 1$이고 $1100_{(2)} = 12$니까, 0001보다도 1100이 더 크네.

미르카 하지만 부호를 포함해서 생각한다면 0001은 1이고 1100은 −4이니까, 1100이 더 작아. 한 마디로 순서관계라는 건 정의 내리기 나름이라는 거야.

나 정의 내리기 나름으로 어떤 순서관계든 만들 수 있다는 거구나.

미르카 그래. 그런데 그 순서관계를 붙이려면 충족해야 하는 조건들이 있지. 그게 바로 순서의 공리, 즉 반사법칙, 반대칭법칙, 추이법칙인 거야.

나 공리가 바로 그 '순서 같은 것'을 표현하고 있는 셈이구나.

미르카 비트 연산의 경우 순서의 공리뿐 아니라 |와 &에 관한 **분배법칙**이 성립되지.

분배법칙

$$x \mathbin{\&} (y_1 \mid y_2) = (x \mathbin{\&} y_1) \mid (x \mathbin{\&} y_2)$$

$$x \mid (y_1 \mid y_2) = (x \mid y_1) \mathbin{\&} (x \mid y_2)$$

나 이 두 가지도 쌍대구나.

미르카 자, 이제 준비가 끝났어.

나 무슨 준비?

미르카 **불 대수**를 정의할 준비 말이야.

- 집합 B가 있다고 가정한다.
- 집합 B에 정의된 이항관계 ≤가 있다고 가정한다.
- 집합 B와 이항관계 ≤의 집합 (B, ≤)를 생각한다.
- 반사법칙, 반대칭법칙, 추이법칙을 충족하는 집합 (B, ≤)을 **순서집합**이라 한다.
- 임의의 두 원소 x, y로 이루어진 집합 $\{x, y\}$에 대해, 반드시 상한과 하한이 존재하는 순서집합을 **속**이라고 한다.
- 분배법칙을 충족하는 속을 **분배속**이라고 한다.
- 최대원과 최소원이 존재하고, 임의의 원소에 보원이 존재하는 속을 **가보속** 또는 **상보속**이라고 한다.
- 분배적이고 상보적인 속을 **불 속**이라고 한다.
- 불 속은 불 대수의 공리*를 충족하므로 **불 대수**이다.

나 세계 곳곳을 돌아다니는 기분이야, 재밌다!

미르카 네가 원한다면 더 멀리 갈 수도 있어.

---

* 부록: 불 대수의 공리(p.281) 참조

나 뭐?

5-8 논리와 집합

미르카 0과 1의 나열에서 세계가 넓어졌지. 2진법으로 보고 수를 생각하고. 비트 패턴이라고 보고 컴퓨터를 생각하지.

나 픽셀로 보고 이미지를 생각하고?

미르카 예를 들자면 그렇지.

미르카는 내 눈을 뚫어지게 바라보았다.

나 그래서….

미르카 0을 거짓, 1을 참이라고 보고서 **논리**를 생각하는 것도 좋지.

나 예를 들어 0011이라면 거짓거짓참참, 이렇게?

미르카 그러다 보면 **집합**을 생각하게 되지. 예를 들면

$$S = \{1, 2, 3, 4\}$$

라는 4개의 원소를 가지는 집합 S야.

나 그렇군. 그래서?

미르카 집합에서 가장 기본이 되는 건 어떤 원소 x가 집합 S에 속하는가 아닌가에 대한 판정, 즉

$$x \in S$$

가 되지.

나 집합은 원소로 결정되니까, 그야 그렇겠네.

미르카 맞아. **집합은 원소로 결정**돼. 그래서 1, 2, 3, 4라는 4개의 원소가 각각 집합 S의 부분집합에 속하는지 여부를 결정한다면, 부분집합은 4비트의 비트 패턴과 1대 1로 대응돼.

나 엇, 잠깐만. 뭐라고?

미르카 예를 들면 말이야, 부분집합 {3, 4}를 0011에 대응시켜 보자.

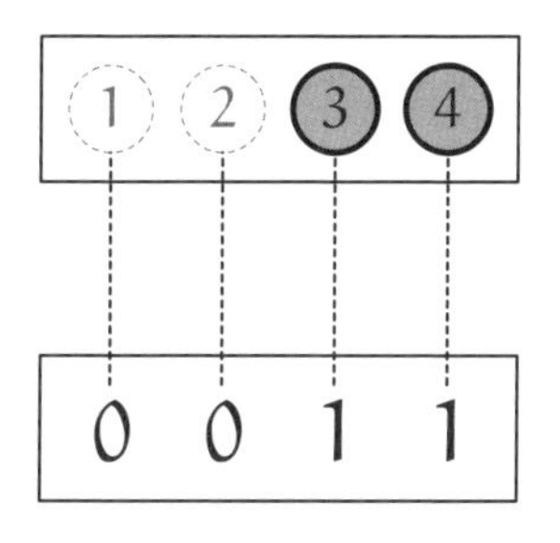

집합 S = {1, 2, 3, 4}의 부분집합 {3, 4}와 0011과의 대응

나 그렇구나. 어떤 원소가 속하는지, 속하지 않는지를 비트 패턴으로 표현하고 있다고 생각한다는 거지?

미르카 그렇게 생각하면, 부분집합을 연결하는 하세 도표를 그릴 수 있어.

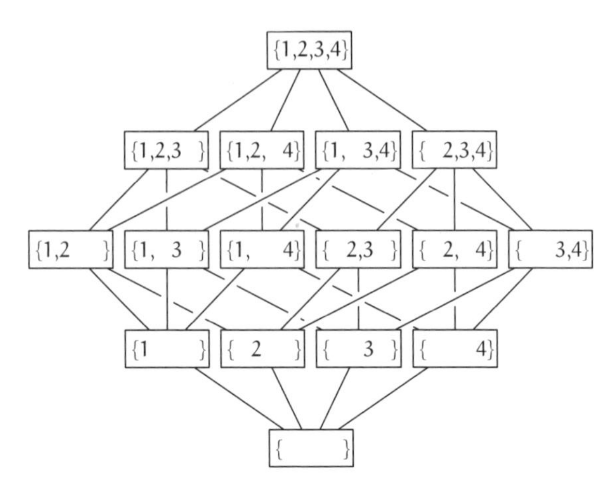

부분집합을 연결하는 하세 도표

나 그야 그렇겠네. 비트 패턴을 연결할 경우, 0을 1로 바꾸어 나가면서 0000에서 1111까지 올라갔어. 여기서는 원소를 추가해 나가면서 공집합 { }에서 전체집합 {1, 2, 3, 4}까지 올라갔지. '0을 1로 바꾼다'라는 '비트 패턴에 대한 조작'은, '새로운 원소를 더한다'라는 '집합에 대한 조작'에 대응하는 거구나.

미르카 집합 S의 멱집합 $\mathcal{P}(S)$에 대해, 집합의 포함관계를 써서 순서관계 $\subset$를 넣은 셈이야. 순서집합 $(\mathcal{P}(S), \subset)$가 만들어졌어.

나 그렇구나. 이 하세 도표에서는 S의 부분집합끼리의 순서관계를 나타내고 있어. 그래서 부분집합 전체의 집합인 $\mathcal{P}(S)$에 대해 순서관계를 넣었다고 할 수 있는 거구나. 마침 4비트로 된 비트 패턴 전체의 집합 B_4에 대해 순서관계 $\leq$를 넣어서 순서집합 $(B_4, \leq)$를 만든 것과 대응을 이루네.

$$B_4 = \{0000, 0001, 0010, \cdots, 1111\}$$
$$\mathcal{P}(S) = \Big\{\{\ \}, \{4\}, \{3\}, \cdots, \{1, 2, 3, 4\}\Big\}$$

미르카 그렇게 되지. 비트 연산과 집합 연산이 대응하고 있어.

$$x \leq y \quad \longleftarrow\!\!-\!\!-\!\!\longrightarrow \quad x \subset y$$
$$x \mid y \quad \longleftarrow\!\!-\!\!-\!\!\longrightarrow \quad x \cup y$$
$$x \mathbin{\&} y \quad \longleftarrow\!\!-\!\!-\!\!\longrightarrow \quad x \cap y$$
$$\overline{x} \quad \longleftarrow\!\!-\!\!-\!\!\longrightarrow \quad x^C$$

나 재밌네. 비트 단위의 논리합이 집합의 **합집합**에 대응하고,

비트 단위의 논리곱이 집합의 **교집합**에 대응하는 거구나!

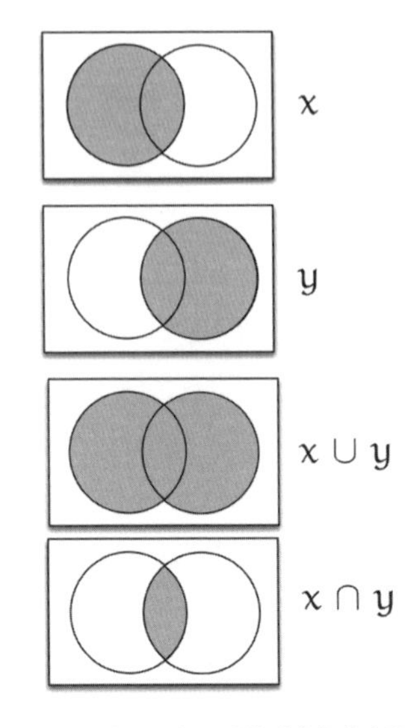

집합의 합집합 ∪와 교집합 ∩(벤 다이어그램)

미르카 비트 반전은 집합 x의 보집합(여집합) $x^c = S - x$에 대응해. 보집합의 '보'는 보원의 '보'. 바로 컴플리먼트(complement)야.

나 개념이 연결되어서 다양한 모습으로 변하고 있어….

5-9 약수와 소인수분해

미르카 다른 모습도 한 번 보겠어? 210의 약수는 몇 개 있을 것 같아?

나 210의 약수… 먼저 210을 소인수분해하자.

$$210 = 2 \times 3 \times 5 \times 7$$

미르카 그다음은?

나 210의 약수는 210이 나누어떨어지는 수. 즉, $2 \times 3 \times 5 \times 7$이 나누어떨어지는 수잖아. 그래서 2, 3, 5, 7이라는 4개의 소수에서 몇 가지 골라 서로 곱한 것이 210의 약수가 되니까, 약수는 2^4로 16개인데…. 아아, 이것도 그렇네!

미르카 눈치챘어?

나 응, 눈치챘어. 아까처럼 1대 1 대응이 되잖아. 예를 들면 210의 약수 중 하나로 $35 = 5 \times 7$이 있는데, 이건 2, 3, 5, 7 중 '2와 3을 선택하지 않고 5와 7을 선택한 것'이라고 할 수 있지. 선택하지 않은 수에 0을, 선택한 수에 1을 대응시키면 0011에 대응돼.

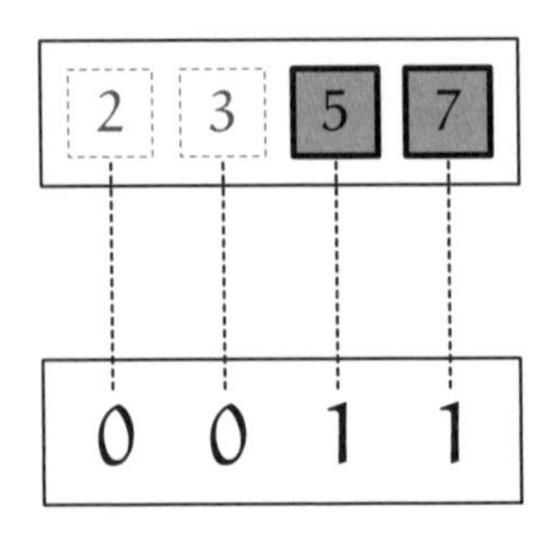

210의 약수 5 × 7과 0011과의 대응

미르카 그리고 또 '같은' 하세 도표를 그릴 수 있는 거지.

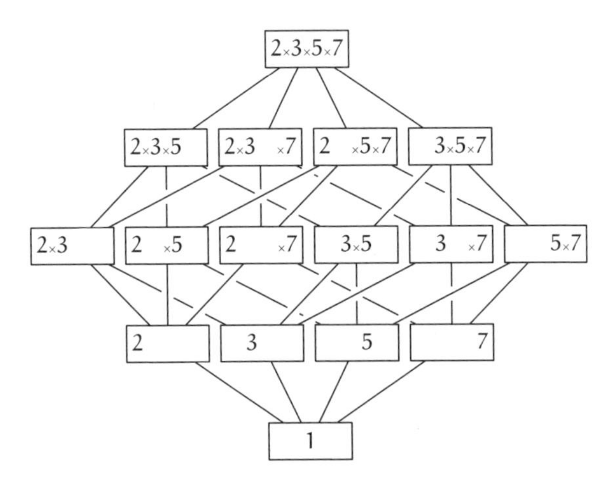

약수를 연결하는 하세 도표

나 그렇구나. 변을 따라 위로 올라가는 건, 지금까지 없었던 소인수를 한 개 새로 곱하는 것과 같은 거네.

미르카 그렇지.

나 '비트 패턴'과 '부분집합'과 '약수'가 하세 도표로 '같다'는 게 재밌네. 전혀 다른 분야인데도.

미르카 비트 패턴으로 1이 되는 비트를 늘려 나가기. 부분집합에 새로운 원소를 더해 나가기. 약수에 새로운 소인수를 곱해 나가기. 방법은 모두 다르지만 하세 도표로 만들면 '같아' 보이지. 이것들이 모두 '같은' 순서구조, 즉

같은 형태의 순서구조

를 가지고 있기 때문이야. 비트 패턴, 집합, 약수… 이 모든 것들을 불 대수의 관점으로 볼 수 있는 거지.

나 서로 다른 분야인데도 대응하는 개념이 있다는 게 너무 재밌네! 또 재미있는 걸 얼마든지 더 찾을 수 있을 것 같은데. 여기서 또 어디까지 갈 수 있는 걸까?

미르카 네가 원한다면 어디든지.

미르카는 그렇게 말하며 미소를 지었다.

"'2'가 사과 2개를 나타낼 수 없다면 무슨 쓸모가 있을까."

제5장의 문제

●●● 문제 5-1 (하세 도표)

3비트의 비트 패턴 전체의 집합을 B_3라고 한다.

$$B_3 = \{000, 001, 010, 011, 100, 101, 110, 111\}$$

집합 B_3에 대해 ①~④의 순서관계를 넣을 때의 하세 도표를 각각 그리시오.

① x의 비트 패턴 중 n개의 0을 1로 바꾼 것이 y임을 $x \leq y$라고 한다($n = 0, 1, 2, 3$).

② 'x의 1의 개수' ≤ 'y의 1의 개수'임을 $x \leq y$라고 한다.

③ 비트 패턴을 2진법으로 해석하여, $x \leq y$가 되는 것을 $x \leq y$라고 한다.

④ 비트 패턴을 2의 보수 표현(부호 포함)으로 해석하여, $x \leq y$가 되는 것을 $x \leq y$라고 한다.

(해답은 p.321)

●●● **문제 5-2 (가위바위보)**

가위바위보를 하는 손 모양의 집합을 J라고 가정한다.

$$J = \{가위, 바위, 보\}$$

J의 원소 x와 y에 대해,

x를 y가 이기거나, x와 y가 비겼을 때

의 관계를

$$x \leq y$$

라고 표현하기로 한다. 예를 들면,

$$가위 \leq 바위$$

가 성립된다. 이때 $(J, \leq)$는 순서집합이 될 수 있을까?

(해답은 p.324)

●●● **문제 5-3 (비트 패턴의 순서관계)**

본문에서 순서집합 $(B_4, \leq)$을 비트 단위의 논리합과 논리곱으로 나타냈다(p.248 참조). x와 y를 B_4의 원소라 할 때

$$x \mid y = y \quad \Longleftrightarrow \quad x \,\&\, y = x$$

가 성립됨을 증명하시오.

(해답은 p.325)

●●● **문제 5-4 (드모르간의 법칙)**

비트 연산에서는 아래의 드모르간의 법칙이 성립된다.

$$\overline{x \,\&\, y} = \overline{x} \mid \overline{y}$$
$$\overline{x \mid y} = \overline{x} \,\&\, \overline{y}$$

집합대수에서도 마찬가지로 드모르간의 법칙이 성립된다.

$$\overline{x \cap y} = \overline{x} \cup \overline{y}$$
$$\overline{x \cup y} = \overline{x} \cap \overline{y}$$

210의 약수 전체의 집합에 대해

$$x \leq y \quad \Longleftrightarrow \quad \text{'}x\text{는 }y\text{의 약수이다'}$$

라는 순서관계 ≤를 넣은 불 대수에서도 드모르간의 법칙은 성립되는데, 어떤 식으로 나타낼 수 있을까?

(해답은 p.326)

●●● 문제 5-5 (마크의 순서관계)

시계 문자판의 12시 방향에서 시작하여, 같은 간격으로 동그라미 표시를 배치한 6가지의 마크를 만들었다. 마크 전체의 집합 M은

M = { (1점 마크), (2점 마크), (3점 마크), (4점 마크), (6점 마크), (12점 마크) }

이 된다. x와 y를 집합 M의 원소로 하여,

x에 y를 겹쳤을 때
x의 모든 동그라미 표시를 y의 동그라미 표시가 덮어씌운다

의 관계를

$$x \leq y$$

라고 나타내기로 한다. 예를 들어,

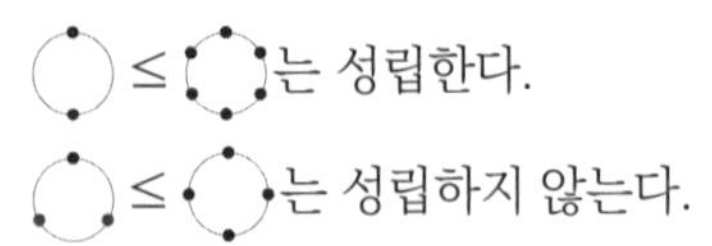

순서집합 (M, ≤)의 하세 도표를 그리시오.

(해답은 p.328)

부록: 불 대수의 공리

B를 최소 2개의 원소를 가지는 집합이라 하고, x, y, z를 임의의 원소라 한다.

- 집합 B는 최소원이라고 불리는 원소 0을 가진다.
- 집합 B는 최대원이라고 불리는 원소 1을 가진다.
- 집합 B에는 이항연산 $\vee$이 정의되어 있으며, $x \vee y$를 x와 y의 합집합이라 부른다.
- 집합 B에는 이항연산 $\wedge$가 정의되어 있으며, $x \wedge y$를 x와 y의 교집합이라고 부른다.
- 집합 B에는 단항연산 $\bar{}$가 정의되어 있으며 $\bar{x}$를 x의 보원이라 부른다.

이때 아래의 공리를 모두 충족하는 집합 $(B, \mathbf{0}, \mathbf{1}, \vee, \wedge, \bar{})$를 불 대수라 부른다.

교환법칙	$x \vee y = y \vee x$	$x \wedge y = y \wedge x$
동일법칙	$x \vee \mathbf{0} = x$	$x \wedge \mathbf{1} = x$
보원법칙	$x \vee \bar{x} = \mathbf{1}$	$x \wedge \bar{x} = \mathbf{0}$
분배법칙	$x \vee (y \wedge z) = (x \vee y) \wedge (x \vee z)$	
	$x \wedge (y \vee z) = (x \wedge y) \vee (x \wedge z)$	

부록:불 대수의 예와 대응 관계

기본집합	순서관계	최소원	최대원	합집합	교집합	보원
B	$x \leq y$	**0**	**1**	$x \vee y$	$x \wedge y$	$\overline{x}$
B_4	$x \leq y$	0000	1111	$x \mid y$	$x \,\&\, y$	$\overline{x}$
$\mathcal{P}(S)$	$x \subset y$	{ }	S	$x \cup y$	$x \cap y$	S-x
D_{210}	x는 y의 약수	1	210	lcm(x, y)	gcd(x, y)	210/x
D_{210}	x는 y의 배수	210	1	gcd(x, y)	lcm(x, y)	210/x

- $\mathcal{P}(S)$는 집합 S의 멱집합*을 나타낸다.
- $x \subset y$는 집합 x가 집합 y의 부분집합임을 나타내고, 여기서는 $x = y$의 경우도 포함한다. $x \subseteq y$ 또는 $x \subseteqq y$라 쓰는 경우도 있다.
- S-x는 차집합 $\{a \mid a \in S$ 그리고 $a \notin x\}$를 나타낸다.
- B_4는 4비트로 된 비트 패턴 전체의 집합을 나타낸다.
- D_{210}은 210의 약수 전체의 집합을 나타낸다.
- lcm(x, y)는 x와 y의 최소공배수*를 나타낸다.
- gcd(x, y)는 x와 y의 최대공약수*를 나타낸다.
- 210/x는 210 나누기 x를 나타낸다.

---

* 집합 S의 멱집합은 집합 S의 부분집합 전체의 집합이다.

* 최소공배수(least common multiple)

* 최대공약수(greatest common divisor)

에필로그

어느 날, 어느 시간, 수학 자료실에서.

소녀 우와아, 다양한 것들이 있네요!

선생님 그렇지?

소녀 선생님, 이건 뭐예요?

0000	0001	0011	0010
0100	0101	0111	0110
1100	1101	1111	1110
1000	1001	1011	1010

선생님 뭐라고 생각해?

소녀 0000에서 1111까지의 비트 패턴 16개예요.

선생님 이 배치를 어떻게 보면 좋을까?

소녀 1행은 00**의 비트 패턴이고, 2행은 01**의 패턴이고…
상위와 하위 2비트씩 나눈 배치일까요?

	**00	**01	**11	**10
00**	0000	0001	0011	0010
01**	0100	0101	0111	0110
11**	1100	1101	1111	1110
10**	1000	1001	1011	1010

선생님 순서는 어떤 것 같아?

소녀 가로로 진행하나 세로로 진행하나 1비트씩밖에 변하지 않아요.

선생님 그렇지. 오른쪽 끝단부터 왼쪽 끝단, 아래 끝단에서 위 끝단으로 돌아갈 수 있어.

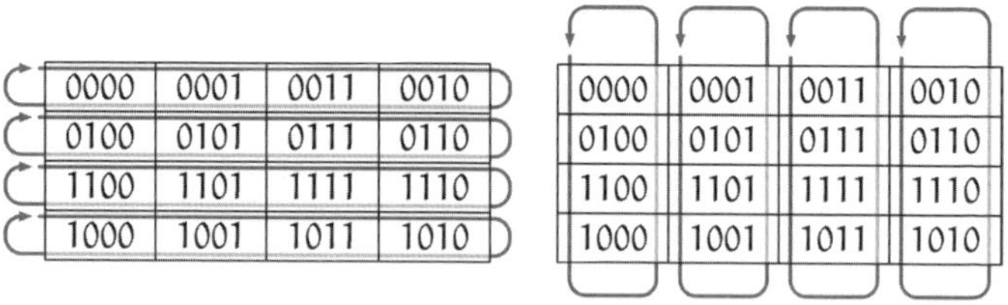

0000	0001	0011	0010
0100	0101	0111	0110
1100	1101	1111	1110
1000	1001	1011	1010

0000	0001	0011	0010
0100	0101	0111	0110
1100	1101	1111	1110
1000	1001	1011	1010

소녀 그렇다는 건 무한대로 깔 수 있다는….

0001 0011 0010 0000 0001 0011 0010 0000 0001 0011 0010
0101 0111 0110 0100 0101 0111 0110 0100 0101 0111 0110
1101 1111 1110 1100 1101 1111 1110 1100 1101 1111 1110
1001 1011 1010 1000 1001 1011 1010 1000 1001 1011 1010
0001 0011 0010 0000 0001 0011 0010 0000 0001 0011
0111 0110 0100 0101 0111 0110 0100 0101 0111
1111 1110 1100 1101 1111 1110 1100 1101 1111
1011 1010 1000 1001 1011 1010 1000 1001 1011
0011 0010 0000 0001 0011 0010 0000 0001
0111 0110 0100 0101 0111 0110 0100 0101
1110 1100 1101 1111 1110 1100 1101
1010 1000 1001 1011 1010 1000 1001
0010 0000 0001 0011 0010 0000
0110 0100 0101 0111 0110 0100
1110 1100 1101 1111 1110 1100

선생님 가로와 세로뿐 아니라, 이렇게 왔다 갔다 돌 수도 있어.

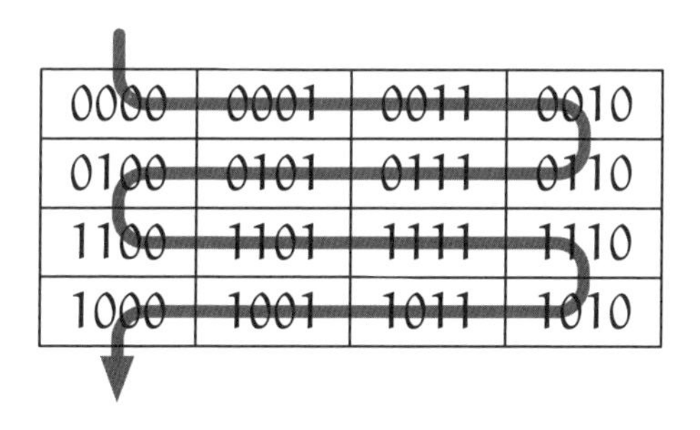

소녀 이런 식으로도 돌 수 있어요!

0000	0001	0011	0010
0100	0101	0111	0110
1100	1101	1111	1110
1000	1001	1011	1010

선생님 4비트면 1비트 변화시키는 방법은 네 가지야.

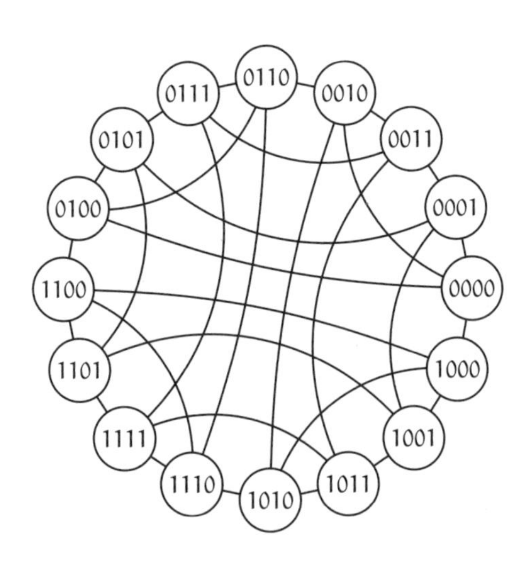

소녀 그래도 변이 교차하네요….

선생님 변이 교차하는 게 싫다면 차원을 끌어올리면 돼.

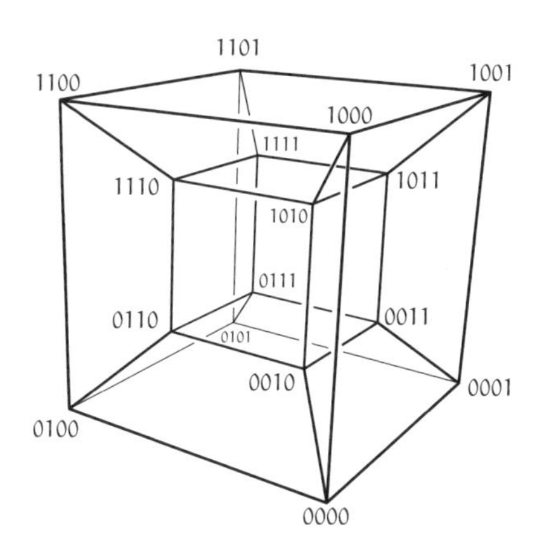

소녀 선생님, 대단해요!

선생님 물론 변을 따라 모든 정점을 돌 수 있어.

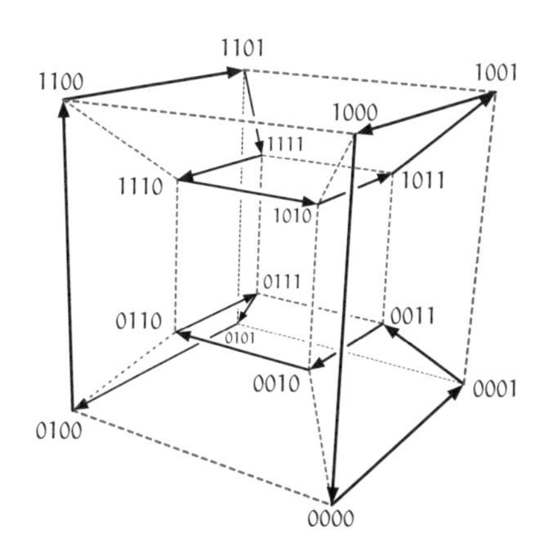

소녀 최상위 비트가 0인 아래 반쪽과 최상위 비트가 1인 위 반쪽으로 나눌 수 있네요!

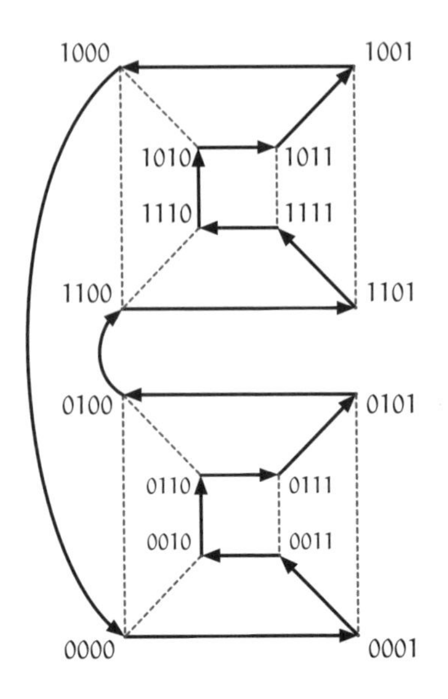

소녀는 그렇게 말하면서 '크크크' 하고 웃었다.

해답

제1장의 해답

●●● 문제 1-1 (손가락 올리고 내리기)

본문에서 손가락을 올리고 내리는 것을 사용하여 0, 1, 2, 3, …, 31까지 32가지 수를 2진법으로 나타내 보았다. 그 32가지 중 '집게손가락을 올리고 있는 경우'는 몇 가지일까?

〈해답 1-1〉

5개의 손가락 중 집게손가락을 올린 상태를 고정하여, 나머지 손가락 4개만 가지고 손가락을 올리고 내리는 걸 생각하는 상황이다. 따라서 $2^4 = 16$가지 경우가 있다.

답: 16가지

보충 설명

집게손가락을 고정했을 때만 16가지가 되는 건 아니다. 어떤 손가락을 고정했다고 해도 고정하는 손가락이 1개라면 16가지 경우가 된다.

●●● 문제 1-2 (2진법으로 나타내기)

10진법으로 나타낸 ①~⑧의 수를 2진법으로 나타내시오.

예) $12 = 1100_{(2)}$

① 0

② 7

③ 10

④ 16

⑤ 25

⑥ 31

⑦ 100

⑧ 128

〈해답 1-2〉

① $0 = 0_{(2)}$

② $7 = 111_{(2)}$

③ $10 = 1010_{(2)}$

④ $16 = 10000_{(2)}$

⑤ $25 = 11001_{(2)}$

⑥ $31 = 11111_{(2)}$

⑦ $100 = 1100100_{(2)}$

⑧ $128 = 10000000_{(2)}$

p.52의 '39를 2진법으로 나타내기' 방법과 마찬가지로 반복해서 2로 나누어 나머지를 구하고 아래 자리부터 결정해 나가면 구할 수 있다.

2의 거듭제곱($2^n = 1, 2, 4, 8, 16, 32, 64, 128, 256, \cdots$)을 외우고 있으면 2^n, $2^n + 1$, $2^n - 1$의 형태로 되어 있는 경우에는 나눗셈을 하지 않아도 간단하게 구할 수 있다. 아래와 같이 특징적인 0과 1의 나열이 되기 때문이다.

$$2^n = 1\underbrace{000 \cdots 00}_{n\text{개}}{}_{(2)}$$

$$2^n + 1 = 1\underbrace{000 \cdots 01}_{n\text{개}}{}_{(2)}$$

$$2^n - 1 = \underbrace{111 \cdots 11}_{n\text{개}}{}_{(2)}$$

●●● 문제 1-3 (10진법으로 나타내기)

2진법으로 나타낸 ①~⑧의 수를 10진법으로 나타내시오.

예) $11_{(2)} = 3$

① $100_{(2)}$

② $110_{(2)}$

③ $1001_{(2)}$

④ $1100_{(2)}$

⑤ $1111_{(2)}$

⑥ $10001_{(2)}$

⑦ $11010_{(2)}$

⑧ $11110_{(2)}$

〈해답 1-3〉

① $100_{(2)} = 4$

② $110_{(2)} = 4 + 2 = 6$

③ $1001_{(2)} = 8 + 1 = 9$

④ $1100_{(2)} = 8 + 4 = 12$

⑤ $1111_{(2)} = 8 + 4 + 2 + 1 = 15$

⑥ $10001_{(2)} = 16 + 1 = 17$

⑦ $11010_{(2)} = 16 + 8 + 2 = 26$

⑧ $11110_{(2)} = 16 + 8 + 4 + 2 = 30$

●● 문제 1-4 (16진법으로 나타내기)

프로그래밍에서는 2진법이나 10진법뿐 아니라 16진법이 사용되기도 한다. 16진법에서는 16종류의 숫자가 필요하기 때문에, 10부터 15까지는 알파벳을 사용한다. 즉, 16진법에서 사용하는 '숫자'는

0, 1, 2, 3, 4, 5, 6, 7, 8, 9, A, B, C, D, E, F

의 16종류이다. 아래의 수를 16진법으로 표기하시오.

예) $17_{(10)} = 11_{(16)}$

예) $00101010_{(2)} = 2A_{(16)}$

① $10_{(10)}$

② $15_{(10)}$

③ $200_{(10)}$

④ $255_{(10)}$

⑤ $1100_{(2)}$

⑥ $1111_{(2)}$

⑦ $11110000_{(2)}$

⑧ $10100010_{(2)}$

〈해답 1-4〉

① $10_{(10)} = A_{(16)}$

② $15_{(10)} = F_{(16)}$

③ $200_{(10)} = C8_{(16)}$

④ $255_{(10)} = FF_{(16)}$

⑤ $1100_{(2)} = C_{(16)}$

⑥ $1111_{(2)} = F_{(16)}$

⑦ $11110000_{(2)} = F0_{(16)}$

⑧ $10100010_{(2)} = A2_{(16)}$

●●● **문제 1-5 ($2^n - 1$)**

n은 1 이상인 정수라 하고, n이 소수(약수가 1과 자기 자신뿐인 자연수-옮긴이)가 아닐 때,

$$2^n - 1$$

도 소수가 아님을 증명하시오.

힌트: 'n이 소수가 아니다'라는 것은 'n = 1이거나, 또는 n = ab를 충족하는 1보다 큰 두 개의 정수 a와 b가 존재한다'라는 것이다.

〈해답 1-5〉

증명

$n = 1$일 때 $2^n - 1 = 2^1 - 1 = 1$이기 때문에 $2^n - 1$도 소수가 아니다.

$n > 1$인 정수 n이 소수가 아니라고 할 때, 1보다 큰 2개의 정수 a와 b가 존재하여

$$n = ab$$

가 성립된다. 그렇게 되면 $2^n - 1$은 다음과 같이 식을 변형할 수 있다.

$2^n - 1 = 2^{ab} - 1$ n = ab이기 때문에

$= (2^a - 1)(2^{a(b-1)} + 2^{a(b-2)} + \cdots + 2^{a \cdot 0})$ 인수분해함

그런데 $a > 1$이고 $b > 1$이기 때문에

$$2^a - 1 \quad \text{와} \quad 2^{a(b-1)} + 2^{a(b-2)} + \cdots + 2^{a \cdot 0}$$

는 모두 1보다 큰 정수가 된다. 따라서 $2^n - 1$은 소수가 아니다.

(증명 끝)

보충 설명*

위의 증명에 등장한

$$2^n - 1 = (2^a - 1)(2^{a(b-1)} + 2^{a(b-2)} + \cdots + 2^{a \cdot 0})$$

이라는 인수분해를 2진법으로 나타내면

$$\underbrace{111\cdots1}_{n=ab\text{자리수}}{}_{(2)} = \underbrace{111\cdots1}_{a\text{자리수}}{}_{(2)} \cdot \underbrace{\underbrace{000\cdots01}_{a\text{자리수}}\ \underbrace{000\cdots01}_{a\text{자리수}}\ \cdots\ \underbrace{000\cdots01}_{a\text{자리수}}}_{a\text{자리수의 }000\cdots01\text{이 }b\text{개}}{}_{(2)}$$

* 이 보충 설명은 나가시마 타카시 님으로부터 힌트를 얻은 것입니다.

라는 규칙적인 패턴이 되어, $n = ab$로 나타낼 수 있으면 인수분해할 수 있다는 것을 알 수 있다. 예를 들어 $n = 12$, $a = 3$, $b = 4$라고 구체적으로 적어보면,

$$2^{12} - 1 = (2^{3} - 1)(2^{3\cdot 3} + 2^{3\cdot 2} + 2^{3\cdot 1} + 2^{3\cdot 0})$$
$$111111111111_{(2)} = 111_{(2)} \times 001001001001_{(2)}$$

가 된다.

제2장의 해답

●●● 문제 2-1 (경우의 수)

제2장에서는 16개의 픽셀이 16행으로 나열된 흑백 이미지를 다루었다. 이 픽셀을 사용해서 표현할 수 있는 흑백 이미지는 전부 몇 가지일까?

〈해답 2-1〉

픽셀 1개마다 흑 또는 백의 두 가지가 있으며, 픽셀은 모두 $16 \times 16 = 256$개 있다. 그렇기 때문에,

$$\underbrace{2 \times 2 \times \cdots \times 2}_{256\text{개}} = 2^{256}$$

으로 계산하여, 2^{256}가지 흑백 이미지를 만들 수 있다.

답: 2^{256}가지

보충 설명

2^{256}이라는 수는 위치적 이진기수법으로 표기하면

1000000000000000000000000000000000000000000000000
0000000000000000000000000000000000000000000000000
0000000000000000000000000000000000000000000000000
0000000000000000000000000000000000000000000000000
0000000000000000000000000000000000000000000000000
000000000000

이 된다(1 뒤에 0이 256개 붙음). 또, 같은 수를 위치적 십진기수법으로 표기하면

1157920892373161954235709850086879078532699846656
40564039457584007913129639936

이 된다.

●●● 문제 2-2 (비트 연산)

①~③의 비트 연산을 한 결과를 2진법 4자릿수로 나타내시오.

예) $\overline{1100}_{(2)} = 0011_{(2)}$

① $0101_{(2)} \mid 0011_{(2)}$

② $0101_{(2)} \ \& \ 0011_{(2)}$

③ $0101_{(2)} \oplus 0011_{(2)}$

〈해답 2-2〉

① $0101_{(2)} \mid 0011_{(2)} = 0111_{(2)}$

② $0101_{(2)} \,\&\, 0011_{(2)} = 0001_{(2)}$

③ $0101_{(2)} \oplus 0011_{(2)} = 0110_{(2)}$

●●● **문제 2-3 (필터 IDENTITY를 만들기)**

다음과 같이 수신한 데이터를 그대로 송신하는 필터 IDENTITY를 만드시오.

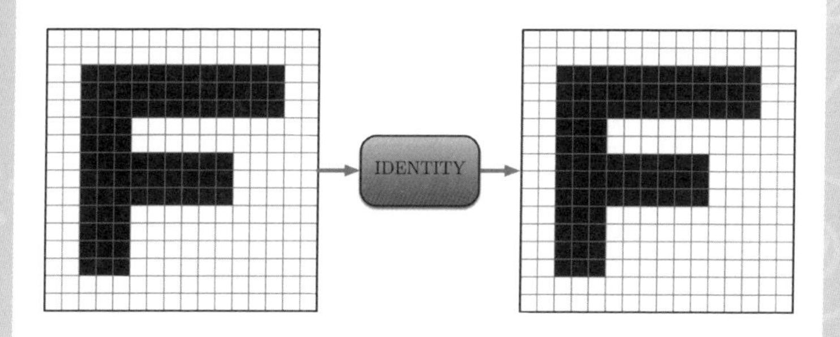

〈해답 2-3〉

수신한 데이터를 그대로 송신하기만 하면 되기 때문에 아래와 같이 만들 수 있다.

```
1:  program IDENTITY
2:       k ← 0
3:       while k < 16 do
4:            x ← 〈수신한다〉
5:            〈x를 송신한다〉
6:            k ← k + 1
7:       end-while
8:  end-program
```

●●● 문제 2-4 (필터 SKEW를 만들기)

다음과 같이 변환하는 필터 SKEW를 만드시오.

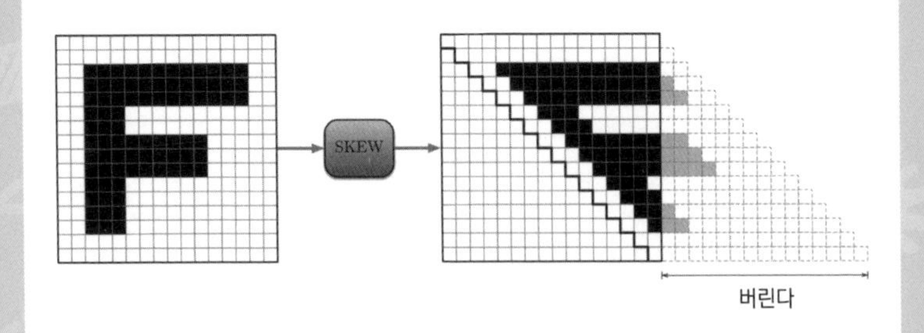

〈해답 2-4〉

k = 0,1,2, ⋯, 15에 대해, 수신한 데이터를 k비트 오른쪽 시프트 하여 송신하면 되기 때문에 아래와 같이 만들 수 있다.

```
1:  program SKEW
2:      k ← 0
3:      while k < 16 do
4:          x ← 〈수신한다〉
5:          x ← x ≫ k
6:          〈x를 송신한다〉
7:          k ← k + 1
8:      end-while
9:  end-program
```

참고로 여기에서는 $x \gg 0 = x$로 넣고 있다.

또, 5행을 $x \leftarrow x \text{ div } 2^k$로 바꾸어도 같다.

●●● **문제 2-5 (나눗셈과 오른쪽 시프트)**

제2장에서 테트라는

$$x \gg 1 = x \text{ div } 2$$

라는 등식이 성립된다는 사실을, $x = 8$과 $x = 7$의 경우에 대해 확인하기만 하고 납득하였다(p.90). 이 등식이 어떤 x에 대해서도 성립됨을 증명하시오.

힌트: $x = x_{15}x_{14} \cdots x_{0(2)}$임을 활용한다.

〈해답 2-5〉

증명

$x_0, x_1, x_2, \cdots x_{15}$는 모두 0 또는 1 중 하나이며, 어떤 x도 다음과 같이 나타낼 수 있다.

$$\begin{aligned} x &= x_{15}x_{14} \cdots x_{0(2)} \\ &= 2^{15}x_{15} + 2^{14}x_{14} + \cdots + 2^1x_1 + 2^0x_0 \end{aligned}$$

또, 이때 $x \gg 1$은 다음과 같이 나타낼 수 있다.

$$\begin{aligned} x \gg 1 &= x_{15}x_{14} \cdots x_{1(2)} && x_0\text{은 버려짐} \\ &= 2^{14}x_{15} + 2^{13}x_{14} + \cdots + 2^0x_1 && \cdots \text{①} \end{aligned}$$

x div 2를 계산한다.

$$\begin{aligned} x \text{ div } 2 &= x_{15}x_{14} \cdots x_{0(2)} \text{ div } 2 \\ &= (2^{15}x_{15} + 2^{14}x_{14} + \cdots + 2^1x_1 + 2^0x_0) \text{ div } 2 \end{aligned}$$

여기서 '각 항의 div 2'를 계산한다.

$$= (2^{15}x_{15} \text{ div } 2) + (2^{14}x_{14} \text{ div } 2)$$
$$+ \cdots + (2^{1}x_{1} \text{ div } 2) + (2^{0}x_{0} \text{ div } 2)$$

$2^{0}x_{0}$는 0 또는 1 중 하나이므로 $2^{0}x_{0} \text{ div } 2 = 0$이다.

$$= (2^{15}x_{15} \text{ div } 2) + (2^{14}x_{14} \text{ div } 2)$$
$$+ \cdots + (2^{1}x_{1} \text{ div } 2)$$
$$= 2^{14}x_{15} + 2^{13}x_{14} + \cdots + 2^{0}x_{1} \qquad \cdots ②$$

①과 ②에 의해

$$x \gg 1 = x \text{ div } 2$$

임을 증명하였다.

(증명 끝)

제3장의 해답

●●● **문제 3-1 (정수를 5비트로 나타내기)**

'비트 패턴과 정수의 대응표(4비트)'(p.138)의 5비트 버전을 만드시오.

비트 패턴	부호 제외	부호 포함
00000	0	0
00001	1	1
00010	2	2
00011	3	3
⋮	⋮	⋮

〈해답 3-1〉

비트 패턴	부호 제외	부호 포함
00000	0	0
00001	1	1
00010	2	2
00011	3	3
00100	4	4
00101	5	5
00110	6	6
00111	7	7
01000	8	8
01001	9	9
01010	10	10
01011	11	11
01100	12	12
01101	13	13
01110	14	14
01111	15	15
10000	16	−16
10001	17	−15
10010	18	−14
10011	19	−13
10100	20	−12
10101	21	−11
10110	22	−10
10111	23	−9
11000	24	−8
11001	25	−7
11010	26	−6
11011	27	−5
11100	28	−4
11101	29	−3
11110	30	−2
11111	31	−1

●●● 문제 3-2 (정수를 8비트로 나타내기)

아래 표는 '비트 패턴과 정수의 대응표 (8비트)'의 일부이다. 빈 칸을 채우시오.

비트 패턴	부호 제외	부호 포함
00000000	0	0
00000001	1	1
00000010	2	2
00000011	3	3
⋮	⋮	⋮
☐	31	☐
☐	32	☐
⋮	⋮	⋮
01111111	☐	☐
10000000	☐	☐
⋮	⋮	⋮
☐	☐	−32
☐	☐	−31
⋮	⋮	⋮
11111110	☐	☐
11111111	☐	☐

〈해답 3-2〉

비트 패턴	부호 제외	부호 포함
00000000	0	0
00000001	1	1
00000010	2	2
00000011	3	3
⋮	⋮	⋮
00011111	31	31
00100000	32	32
⋮	⋮	⋮
01111111	127	127
10000000	128	−128
⋮	⋮	⋮
11100000	224	−32
11100001	225	−31
⋮	⋮	⋮
11111110	254	−2
11111111	255	−1

보충 설명

이 표의 각 행에 대해

〈부호 제외〉 − 〈부호 포함〉

의 값은 반드시 256의 배수가 된다. 바꿔 말하면,

$$\langle 부호\ 제외\rangle \equiv \langle 부호\ 포함\rangle \pmod{256}$$

이 성립된다. (mod에 대해서는 p.314 참조)

●●● 문제 3-3 (2의 보수 표현)

4비트의 경우 2의 보수 표현은

$$-8 \leq n \leq 7$$

라는 부등식을 충족하는 n을 모두 나타낼 수 있다. N비트의 경우에 2의 보수 표현이 나타낼 수 있는 정수 n의 범위를 위와 같은 부등식으로 나타내시오(단, N은 양의 정수이다).

〈해답 3-3〉

최상위 비트가 0인 N-1 비트를 사용해

$$0, 1, 2, 3, \cdots, 2^{N-1} - 1$$

이라는 0 이상의 정수 2^{N-1}개를 나타낼 수 있다.

또한 최상위 비트가 1인 N − 1 비트를 사용해

$$-1,\ -2,\ -3,\ -4,\ \cdots,\ -2^{N-1}$$

이라는 0 미만의 정수 2^{N-1}개를 나타낼 수 있다.

따라서 N비트의 경우 2의 보수 표현은

$$-2^{N-1} \leq n \leq 2^{N-1} - 1$$

이라는 부등식을 충족하는 정수 n 모두를 나타낼 수 있다.

답: $-2^{N-1} \leq n \leq 2^{N-1} - 1$

보충 설명

검산을 하기 위해 N = 4라 할 때,

$$-2^{4-1} \leq n \leq 2^{4-1} - 1$$

이 되어, $-8 \leq n \leq 7$이 되는 걸 확인할 수 있다.

●●● 문제 3-4 (오버플로)

4비트를 사용해 정수를 부호 없이 표시한다. '모든 비트를 반전하고 1을 더하기'라는 계산으로 오버플로가 발생하는 정수는 몇 개 있을까?

〈해답 3-4〉

1을 더하는 계산으로 오버플로가 발생하는 것은 1111뿐이다. 따라서, '모든 비트를 반전하고 1을 더하기'라는 계산으로 오버플로가 발생하는 것은 0000, 즉 정수 0 하나밖에 없다.

답: 1개

●●● 문제 3-5 (부호 반전으로 변하지 않는 비트 패턴)

4비트의 비트 패턴 중 '모든 비트를 반전하고 1을 더하고, 오버플로한 비트는 무시'하는 조작을 했을 때 변하지 않는 비트 패턴을 모두 찾으시오.

〈해답 3-5〉

0000과 1000의 두 가지가 존재한다.

답: 0000과 1000

보충 설명

부호를 반전해도 변하지 않는 비트 패턴 0000과 1000은 각각 0과 −8을 나타낸다. 그리고 0과 −8은 모두 '부호를 반전한 수와 16을 법으로 하여 합동인 수'이다.

$$0 \equiv -0 \pmod{16}$$

$$-8 \equiv 8 \pmod{16}$$

아래 표에서도 0000과 1000의 행에 나열된 수만이 '부호를 반전한 수와 16을 법으로 하여 합동인 수'이다.

0000	…	−48	−32	−16	0	16	32	48	…
0001	…	−47	−31	−15	1	17	33	49	…
0010	…	−46	−30	−14	2	18	34	50	…
0011	…	−45	−29	−13	3	19	35	51	…
0100	…	−44	−28	−12	4	20	36	52	…
0101	…	−43	−27	−11	5	21	37	53	…
0110	…	−42	−26	−10	6	22	38	54	…
0111	…	−41	−25	−9	7	23	39	55	…
1000	…	−40	−24	−8	8	24	40	56	…
1001	…	−39	−23	−7	9	25	41	57	…
1010	…	−38	−22	−6	10	26	42	58	…
1011	…	−37	−21	−5	11	27	43	59	…
1100	…	−36	−20	−4	12	28	44	60	…
1101	…	−35	−19	−3	13	29	45	61	…
1110	…	−34	−18	−2	14	30	46	62	…
1111	…	−33	−17	−1	15	31	47	63	…

일반적으로 x, y, M을 정수로 하여 'x를 M으로 나눈 나머지'와 'y를 M으로 나눈 나머지'가 서로 같을 때, 'x와 y는 M을 법으로 하여 합동이다'라고 표현한다. 또, x와 y가 M을 법으로 하여 합동인 것을

$$x \equiv y \pmod{M}$$

이라고 쓴다.

제4장의 해답

●●● 문제 4-1 (풀 트립에 도전)

본문에서 '나'는

$$0000 \to 000\underline{1} \to 00\underline{1}1 \to 001\underline{0} \to \cdots$$

와 같이 진행했다(p.196). 내가 선택하지 않았던 다른 길,

$$0000 \to 000\underline{1} \to 00\underline{1}1 \to 0\underline{1}11 \to \cdots$$

로는 풀 트립할 수 있을까?

〈해답 4-1〉

할 수 있다. 예를 들면 아래와 같다.

$$0000 \to 000\underline{1} \to 00\underline{1}1 \to 0\underline{1}11 \to \underline{1}111 \to 111\underline{0} \to 11\underline{0}0 \to 110\underline{1} \to \underline{0}101 \to 010\underline{0} \to 01\underline{1}0 \to 0\underline{0}10 \to \underline{1}010 \to 101\underline{1} \to 10\underline{0}1 \to 100\underline{0}$$

●●● **문제 4-2 (룰러 함수)**

룰러 함수 $\rho(n)$을 점화식으로 정의하시오.

n	1	2	3	4	5	6	7	8	9	10	11	12	13	14	15	…
ρ(n)	0	1	0	2	0	1	0	3	0	1	0	2	0	1	0	…

〈해답 4-2〉

$\rho(n)$이 'n을 2진법으로 표기했을 때 오른쪽 끝단에 붙는 0의 개수(n이 나누어떨어지는 최대의 2^m이 되는 m)'임을 생각하면, 다음 점화식을 얻을 수 있다($n = 1, 2, 3, \cdots$).

$$\begin{cases} \rho(1) = 0 \\ \rho(2n) = \rho(n) + 1 \\ \rho(2n+1) = 0 \end{cases}$$

보충 설명

1과 $2n+1$은 홀수이기 때문에 $\rho(1) = 0$과 $\rho(2n+1) = 0$은 금방 알 수 있다. 홀수를 2진법으로 표기하면 오른쪽 끝단에는 0이 하나도 붙지 않기 때문이다.

2n은 n을 2배 한 것이기 때문에 2진법으로 나타냈을 때 오른

쪽 끝단에 붙는 0의 수는 2n일 때가 n일 때보다 1 많다. 따라서, $\rho(2n) = \rho(n) + 1$이라고 할 수 있다.

●●● 문제 4-3 (비트 패턴 열의 역전)

p.205에서 미르카가 말한 비트 패턴 열의 역전과 최상위 비트의 반전에 대해 알아보자. n은 1 이상의 정수라고 가정한다. G_n을 p.218에서 설명한 비트 패턴 열이라고 가정한다.

- G_n^R을 G_n을 역전한 비트 패턴 열이라고 가정한다.
- G_n^-을 G_n의 모든 최상위 비트를 반전시킨 비트 패턴 열이라고 가정한다.

이때,

$$G_n^R = G_n^-$$

임을 증명하시오.

예를 들면 G_3 = 000, 001, 011, 010, 110, 111, 101, 100에 대해 $G_3^R = G_3^-$이 되는 모습은 아래와 같다.

$$G_3^R = (000, 001, 011, 010, 110, 111, 101, 100)^R$$
$$= 100, 101, 111, 110, 010, 011, 001, 000$$
$$G_3^- = (000, 001, 011, 010, 110, 111, 101, 100)^-$$
$$= 100, 101, 111, 110, 010, 011, 001, 000$$

〈해답 4-3〉

증명

G_n의 점화식,

$$\begin{cases} G_1 = 0, 1 \\ G_{n+1} = 0G_n, 1G_n^R \quad (n \geq 1) \end{cases}$$

을 사용하여 증명한다.

① G_1^R와 G_1^-의 값을 구한다.

$G_1^R = (0, 1)^R$	$G_1 = 0, 1$이기 때문
$= 1, 0$	역전함
$G_1^- = (0, 1)^-$	$G_1 = 0, 1$이기 때문
$= \overline{0}, \overline{1}$	최상위 비트를 반전함
$= 1, 0$	$\overline{0} = 1$이고 $\overline{1} = 0$이기 때문

따라서 $n = 1$일 때

$$G_n^R = G_n^-$$

임을 증명할 수 있다.

② G_n의 점화식에서 $n \geq 1$일 때,

$$G_{n+1} = 0G_n,\ 1G_n^R$$

을 증명할 수 있다. 이것을 사용해 G_{n+1}^R을 계산한다.

$G_{n+1}^R = (0G_n,\ 1G_n^R)^R$	$G_{n+1} = 0G_n,\ 1G_n^R$이기 때문
$= (1G_n^R)^R,\ (0G_n)^R$	전반과 후반을 바꾸어 넣고, 각각 역전함
$= 1(G_n^R)^R,\ 0G_n^R$	최상위 비트가 공통이므로
$= 1G_n,\ 0G_n^R$	두 번 역전하면 원래대로 돌아옴
$= (\overline{1}G_n,\ \overline{0}G_n^R)^-$	최상위 비트를 두 번 반전하면 원래대로 돌아옴
$= (0G_n,\ 1G_n^R)^-$	$\overline{1} = 0$이고 $\overline{0} = 1$이기 때문
$= G_{n+1}^-$	$0G_n,\ 1G_n^R = G_{n+1}$이기 때문

따라서, $n \geq 1$일 때

$$G_{n+1}^R = G_{n+1}^-$$

임을 알 수 있기 때문에, $n \geq 2$일 때

$$G_n^R = G_n^-$$

임을 증명하였다.

①과 ②에 의하여 1 이상인 모든 정수 n에 대해

$$G_n^R = G_n^-$$

이 성립된다.

(증명 끝)

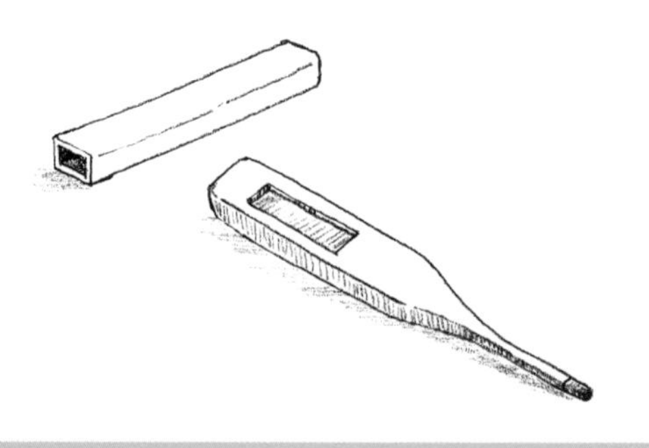

제5장의 해답

●●● **문제 5-1 (하세 도표)**

3비트의 비트 패턴 전체의 집합을 B_3라고 한다.

$$B_3 = \{000, 001, 010, 011, 100, 101, 110, 111\}$$

집합 B_3에 대해 ①~④의 순서관계를 넣을 때의 하세 도표를 각각 그리시오.

① x의 비트 패턴 중 n개의 0을 1로 바꾼 것이 y임을 $x \le y$라고 한다($n = 0, 1, 2, 3$).

② 'x의 1의 개수' ≤ 'y의 1의 개수'임을 $x \le y$라고 한다.

③ 비트 패턴을 2진법으로 해석하여, $x \le y$가 되는 것을 $x \le y$라고 한다.

④ 비트 패턴을 2의 보수 표현(부호 포함)으로 해석하여, $x \le y$가 되는 것을 $x \le y$라고 한다.

〈해답 5-1〉

① x의 비트 패턴 중 n개의 0을 1로 바꾼 것이 y임을 $x \le y$라고 한다($n = 0, 1, 2, 3$).

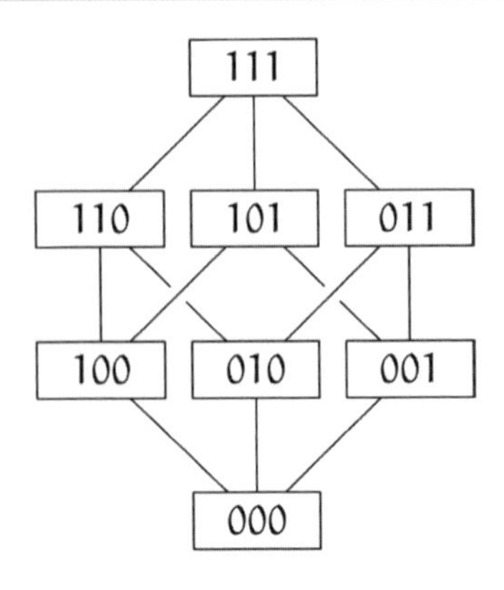

② 'x의 1의 개수' ≤ 'y의 1의 개수'임을 $x \leq y$라고 한다.

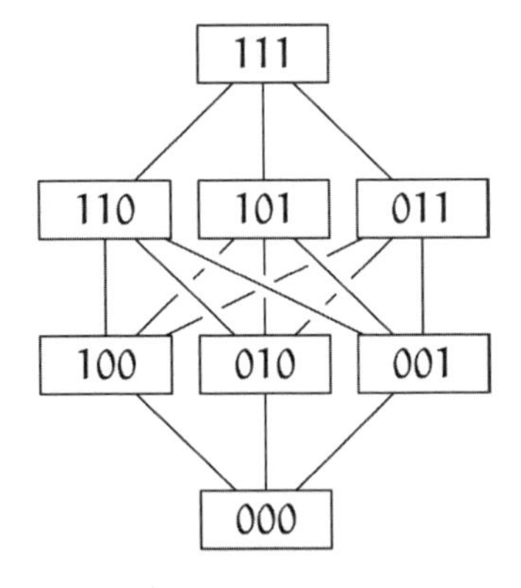

③ 비트 패턴을 2진법으로 해석하여, $x \leq y$가 되는 것을 $x \leq y$라고 한다.

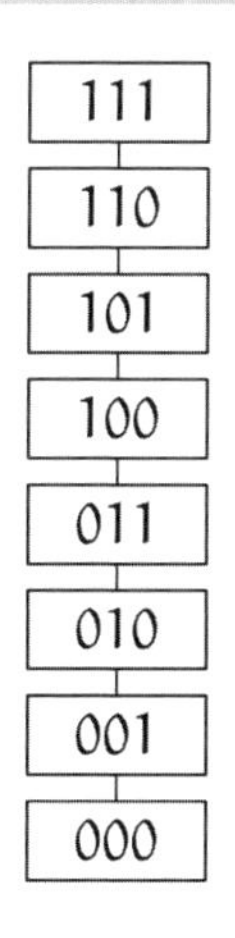

④ 비트 패턴을 2의 보수 표현(부호 포함)으로 해석하여, $x \leq y$가 되는 것을 $x \leq y$라고 한다.

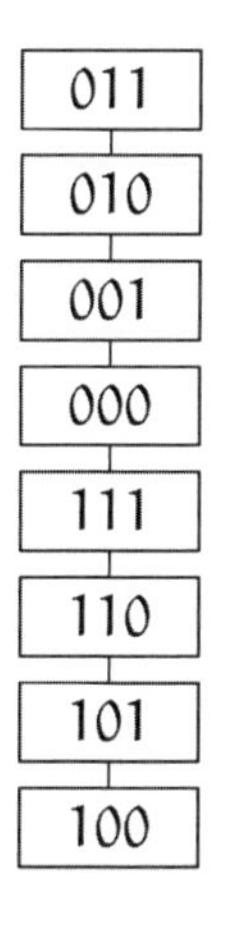

●●● **문제 5-2 (가위바위보)**

가위바위보를 하는 손 모양의 집합을 J라고 가정한다.

$$J = \{가위, 바위, 보\}$$

J의 원소 x와 y에 대해,

x를 y가 이기거나, x와 y가 비겼을 때

의 관계를

$$x \leq y$$

라고 표현하기로 한다. 예를 들면,

$$가위 \leq 바위$$

가 성립된다. 이때 (J, ≤)는 순서집합이 될 수 있을까?

〈해답 5-2〉

(J, ≤)는 순서집합이 될 수 없다.

≤가 J의 위의 순서관계가 되려면 반사법칙, 반대칭법칙, 추이법칙이 성립되어야 한다. (J, ≤)에서는 반사법칙과 반대칭법칙은 성립되나, 추이법칙이 성립되지 않는다. 예를 들어,

$$\text{가위} \le \text{바위} \quad \text{그리고} \quad \text{바위} \le \text{보}$$

는 성립하지만 가위 ≤ 보는 성립하지 않기 때문이다.

●●● 문제 5-3 (비트 패턴의 순서관계)

본문에서 순서집합 (B_4, ≤)을 비트 단위의 논리합과 논리곱으로 나타냈다(p.248 참조). x와 y를 B_4의 원소라 할 때

$$x \mid y = y \quad \Longleftrightarrow \quad x \mathbin{\&} y = x$$

가 성립됨을 증명하시오.

〈해답 5-3〉

증명

비트 단위의 연산이므로 1비트로 알아보면 된다. 아래의 진리값표에서 $x \mid y = y$와 $x \mathbin{\&} y = x$의 참과 거짓이 일치하기 때문에

$$x \mid y = y \quad \Longleftrightarrow \quad x \mathbin{\&} y = x$$

임을 증명할 수 있다.

x	y	$x \mid y$	$x \,\&\, y$	$x \mid y = y$	$x \,\&\, y = x$
0	0	0	0	참	참
0	1	1	0	참	참
1	0	1	0	거짓	거짓
1	1	1	1	참	참

(증명 끝)

보충 설명

- 1비트로 생각할 때, $x \mid y = y$와 $x \,\&\, y = x$는 모두 '$x \leq y$일 때만 성립됨'을 알 수 있다.

●●● 문제 5-4 (드모르간의 법칙)

비트 연산에서는 아래의 드모르간의 법칙이 성립된다.

$$\overline{x \,\&\, y} = \overline{x} \mid \overline{y}$$

$$\overline{x \mid y} = \overline{x} \,\&\, \overline{y}$$

집합대수에서도 마찬가지로 드모르간의 법칙이 성립된다.

$$\overline{x \cap y} = \overline{x} \cup \overline{y}$$

$$\overline{x \cup y} = \overline{x} \cap \overline{y}$$

210의 약수 전체의 집합에 대해

$$x \leq y \iff \text{'}x\text{는 }y\text{의 약수이다'}$$

라는 순서관계 ≤를 넣은 불 대수에서도 드모르간의 법칙은 성립되는데, 어떤 식으로 나타낼 수 있을까?

〈해답 5-4〉

다음과 같다.

$$210/\gcd(x, y) = \mathrm{lcm}(210/x, 210/y)$$
$$210/\mathrm{lcm}(x, y) = \gcd(210/x, 210/y)$$

- $210/x$는 '210 나누기 x'로,
  이 불 대수에서의 'x의 보원'을 나타낸다.
- $\gcd(x, y)$는 x와 y의 최대공약수*로,
  이 불 대수의 'x와 y의 교집합'을 나타낸다.
- $\mathrm{lcm}(x, y)$는 x와 y의 최소공배수*로,
  이 불 대수의 'x와 y의 합집합'을 나타낸다.

---

* 최대공약수(greatest common divisor)

* 최소공배수(least common multiple)

또, 210의 약수 전체의 집합에 대해 쌍대의 순서관계를 넣을 수 도 있다(p.282 참조).

●●● 문제 5-5 (마크의 순서관계)

시계 문자판의 12시 방향에서 시작하여, 같은 간격으로 동그라미 표시를 배치한 6가지의 마크를 만들었다. 마크 전체의 집합 M은

M = { , , , , , }

이 된다. x와 y를 집합 M의 원소로 하여,

x에 y를 겹쳤을 때
x의 모든 동그라미 표시를 y의 동그라미 표시가 덮어씌운다

의 관계를

$$x \leq y$$

라고 나타내기로 한다. 예를 들어,

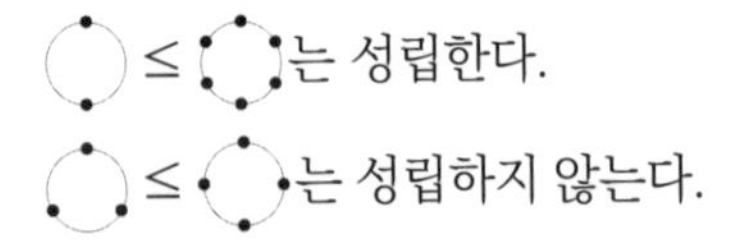

순서집합 (M, ≤)의 하세 도표를 그리시오.

〈해답 5-5〉

다음과 같다.

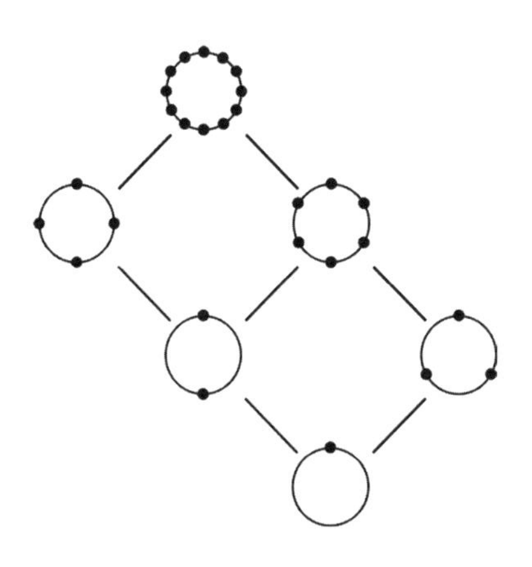

보충 설명

이 마크의 순서관계는 12의 약수 전체의 집합에 대해

$$x \leq y \quad \Longleftrightarrow \quad \text{'}x\text{는 } y\text{의 약수이다'}$$

라는 순서관계를 넣은 것과 같은 형태가 된다.

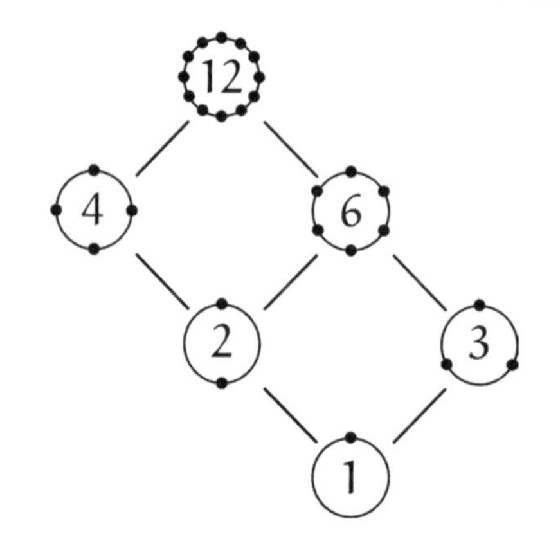
12
4
6
2
3
1

좀 더 생각해보고 싶은 독자를 위해

이 책에 나오는 수학 관련 이야기 외에도 '좀 더 생각해보고 싶은' 독자를 위해 다음과 같은 연구 문제를 소개합니다. 이 문제들의 해답은 이 책에 실려 있지 않으며, 오직 하나의 정답만이 있는 것도 아닙니다.

여러분 혼자 또는 이런 문제에 대해 대화를 나눌 수 있는 사람들과 함께 곰곰이 생각해보시기 바랍니다.

●●● 연구 문제 1-X1 (1을 나열하는 기수법)

1, 2, 3, 4, …를 각각

$$1, 11, 111, 1111, \cdots$$

라고 표기하는 기수법을 생각한다. 이것은 n을 표기하기 위해 1을 n개 나열하는 방법이다.

$$\underbrace{111 \cdots 1}_{n}$$

이러한 기수법의 편리한 점과 불편한 점에 대해 자유롭게 생각해 보자.

●●● 연구 문제 1-X2 (손가락으로 수를 나타내기)

손가락을 사용해 수를 나타낼 때, 손가락을 어떻게 접는지 자세히 관찰해 보자. 아래의 예에서는 '4와 6', '3과 7', '2와 8', '1과 9'가 각각 같은 방법으로 손가락을 접게 되는데, 다른 방법은 없을까?

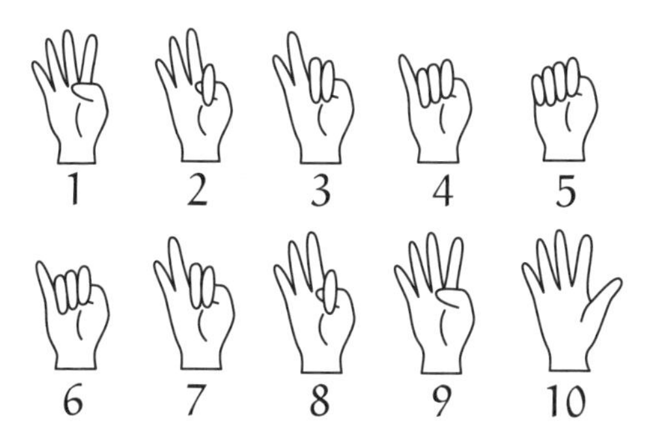

손가락을 사용해 1부터 10까지 세는 예

●●● 연구 문제 1-X3 (패턴의 발견)

제1장에서, 2진법을 사용했을 때 패턴을 더 찾기 쉽다는 내용이 나왔다(p.53). 과연 항상 그럴까? 10진법보다 2진법이 패턴을 찾기 더 쉬운 사례나, 반대로 2진법보다 10진법일 때 패턴을 더 찾기 쉬운 사례 등에 대해 자유롭게 생각해 보자.

●●● 연구 문제 1-X4 (읽을 수 없는 숫자)

2진법 5자릿수 중에 숫자 몇 개를 읽을 수 없다고 가정하자. 예를 들어, 읽을 수 없는 숫자를 *라고 하고,

*11*0

라고 쓰여 있을 때, 이 수에 대해 어떤 것들을 이야기해볼 수 있을까? 또, 아래와 같이 쓰여 있을 경우에 대해서도 각각 생각해 보자.

****1

***00

1****

00***

001**

1

●●● 연구 문제 1-X5 (소수)

제1장에서는 0, 1, 2, 3, …라는 0 이상의 정수에 대해 2진법으로 표기하는 방법을 생각해 보았다. 그렇다면,

0.5

를 2진법으로 표기하려면 어떻게 해야 할까? 또, 소수로 표기된 다른 수의 경우는 어떻게 하면 될까?

●●● 연구 문제 1-X6 (숫자 디자인)

숫자를 급하게 손으로 쓸 때 알아보기 어렵게 된 경우가 있다. 예를 들어 아래 수는 100인지 766인지 알기 어렵다.

또, 6과 9는 위아래가 뒤집어지면 어떤 수를 쓴 건지 알아보기 어렵다. 예를 들어 아래 카드에 적힌 수는 166일까, 아니면 991일까?

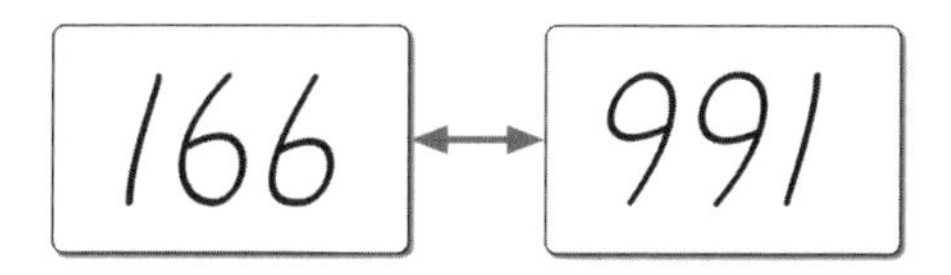

급하게 써도, 위아래가 뒤집혀도 오해할 일이 없게 숫자를 자유롭게 디자인해 보자.

●●● 연구 문제 2-X1 (필터 만들기)

제2장에서는 이미지를 변환하는 다양한 필터가 등장했다. 다음과 같이 변환을 하려면 어떤 필터를 사용하면 좋을까?

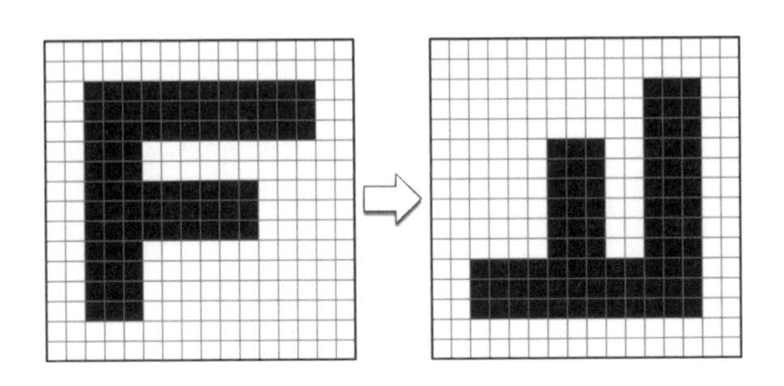

●●● 연구 문제 2-X2 (비트 연산과 수치 연산)

제2장에서는 비트 연산(≫, ≪, |)을 써서 필터 SWAP을 사용하였다(p.101). 이번에는 수치연산(×, div, +)를 사용해 필터 SWAP을 다시 만들어 보자.

●●● 연구 문제 2-X3 (필터 REVERSE-LOOP)

아래의 필터 REVERSE-LOOP은 제2장의 필터 REVERSE(p.107)와 같은 동작을 한다. 정말 같은 동작을 하는지 확인해 보자.

```
 1 : program REVERSE-LOOP
 2 :     k ← 0
 3 :     while k < 16 do
 4 :         x ← 〈수신한다〉
 5 :         y ← 0
 6 :         j ← 0
 7 :         while j < 8 do
 8 :             M_R ← 1 ≪ j
 9 :             M_L ← 1 ≪ (15 - j)
10 :             S ← 15 - 2j
11 :             y ← y | ((x ≫ S) & M_R)
12 :             y ← y | ((x ≪ S) & M_L)
13 :             j ← j + 1
14 :         end-while
15 :         〈y를 송신한다〉
16 :         k ← k + 1
17 :     end-while
18 : end-program
```

●●● 연구 문제 2-X4 (색깔 넣기)

제2장에서는 흰색과 검은색만으로 그려진 그림(흑백 이미지)을 다루었다. 다양한 색이 있는 그림(컬러 이미지)를 다루려면 어떻게 하면 좋을지 자유롭게 생각해 보자. 또, TV, 컴퓨터 화면, 사진, 인쇄물 등에서는 어떻게 해서 컬러 이미지를 표시하는지 알아보자. 애초에 사람의 눈은 어떻게 색을 인식하고 있는지도 알아보자.

●●● 연구 문제 2-X5 (비트 폭을 넓히기)

제2장에서는 16개의 수광기를 갖춘 스캐너와 16개의 인쇄기를 갖춘 프린터를 사용했다. 만약 수광기와 인쇄기의 개수를 늘린다면 프로그램을 어떻게 변경해야 할까? REVERSE(p.107), REVERSE-LOOP(p.337), REVERSE-TRICK(p.108)은 모두 16비트 버전의 프로그램이었다. 이들 프로그램의 32비트 버전, 64비트 버전, 128비트 버전을 각각 만들어 보자.

●●● 연구 문제 2-X6 (차원 끌어올리기)

제2장에는 16개의 수광기나 인쇄기를 1차원의 '선'으로 나열한

기계를 사용해 처리를 반복하여 2차원의 '면'으로서의 이미지를 처리했다. 만약 16 × 16개의 수광기나 인쇄기를 가지고 2차원의 '면'을 한 번에 다룰 수 있는 기계가 있다면 프로그램은 어떻게 될까? 또, 3D 스캐너나 3D 프린터에서는 어떻게 3차원의 '입체'를 다루고 있는지 알아보자.

●●● 연구 문제 2-X7 (시뮬레이터 만들기)

제2장에 등장한 다양한 필터와 같은 처리를 하는 프로그램을 여러분이 사용하는 프로그래밍 언어로 적어 보자. 실제 프린터 대신에 화면에 □ 나 ■를 표시하는 프로그램(시뮬레이터)을 만들어도 좋다. 제2장에서는 16 × 16이라는 작은 이미지를 처리했는데, 이번에는 더 큰 이미지를 처리할 수 있도록 해 보자.

●●● 연구 문제 2-X8 (필터 간의 관계)

필터 F_1과 F_2가 같은(동일한 입력에 대해 동일한 출력을 내는) 것을

$$F_1 = F_2$$

로 나타내기로 한다. 또, 필터 F_1의 출력을 필터 F_2의 입력에 접속하여 만들어지는 새로운 필터를

$$F_1 \blacktriangleright F_2$$

로 나타내기로 한다. 이때, 예를 들어 아래의 '필터 등식'이 성립된다고 하자(IDENTITY는 p.302 참조).

$$\text{RIGHT} \blacktriangleright \text{RIGHT} = \text{RIGHT2}$$
$$\text{RIGHT} \blacktriangleright \text{IDENTITY} = \text{RIGHT}$$

그 밖에 성립되는 '필터 등식'이 있을까? 예를 들어서 아래의 '필터 등식'은 성립할까?

$$\text{SWAP} \blacktriangleright \text{SWAP} \stackrel{?}{=} \text{IDENTITY}$$
$$\text{REVERSE} \blacktriangleright \text{REVERSE} \stackrel{?}{=} \text{IDENTITY}$$
$$\text{RIGHT} \blacktriangleright \text{LEFT} \stackrel{?}{=} \text{IDENTITY}$$
$$\text{RIGHT} \blacktriangleright \text{REVERSE} \stackrel{?}{=} \text{LEFT}$$
$$\text{RIGHT} \blacktriangleright \text{LEFT} \stackrel{?}{=} \text{LEFT} \blacktriangleright \text{RIGHT}$$
$$\text{X-RIM} \blacktriangleright \text{X-RIM} \stackrel{?}{=} \text{X-RIM}$$

보충 설명

16 × 16 = 256비트인 비트 패턴 전체의 집합을 B_{256}으로 나타내면 제2장에 나온 1개 입력의 필터는 B_{256}에서 B_{256}으로의 함수로 볼 수 있다. 또, ▶은 두 함수의 합성이 된다.

●●● 연구 문제 3-X1 (의문의 식, 조금 더 살펴보기)

제3장에서는 비트 단위의 논리곱 &를 사용한 의문의 식,

$$n \,\&\, -n$$

에 대해 생각해 보았다(p.158). 마찬가지로

$$n \oplus -n \quad \text{및} \quad n \mid -n$$

에 대해 자유롭게 생각해 보자. 비트 단위의 배타적 논리합 ⊕은 p.95를, 비트 단위의 논리합 | 는 p.101을 참조하자.

●●● 연구 문제 3-X2 (모든 비트를 반전하고 1을 더하기)

유리가 이런 말을 했다.

유리 오빠, 오빠. n에서 −n을 얻는 조작이

‘모든 비트를 반전하고 1을 더하기’

라고 하면, −n에서 n을 얻는 조작은

'1을 빼고 모든 비트를 반전하기'

인 거 아냐?

자, 이런 경우라면 어떻게 답해야 할까?

●●● 연구 문제 3-X3 (무한 비트 패턴)

제3장에서는 무한 비트 패턴에 대해 다루었다. −1을 무한 비트 패턴으로 나타내면 어떻게 될까? 또, 일반적으로 음수는 어떤 무한 비트 패턴이 될까?

●●● 연구 문제 3-X4 (2^m · 홀수)

제3장에서는 1 이상의 정수 n을

$$n = 2^m \cdot \text{홀수}$$

로 나타냈다(p.168). 이 '홀수' 부분을 f(n)으로 나타낼 때, 수열 f(1), f(2), f(3), … 에 재미있는 성질이 없는지 자유롭게 생각해 보자.

n	1	2	3	4	5	6	7	8	9	10	11	12	13	14	15	…
f(n)	1	1	3	1	5	3	7	1	9	5	11	3	13	7	15	…

●●● 연구 문제 3-X5 (1의 보수 표현)

제3장에서 '나'는 '부호 비트의 반전'과 '부호의 반전'의 관계에 대해 생각했다(p.140). 1의 보수 표현이라는 정수의 표현 방법으로는 '부호 비트의 반전'과 '부호의 반전'이 같아진다. 아래 4비트일 때의 대응표를 참고하여 1의 보수 표현을 계산하는 법에 대해 자유롭게 탐구해 보자.

비트 패턴	부호 제외	부호 포함	
		2의 보수 표현	1의 보수 표현
0000	0	0	0
0001	1	1	1
0010	2	2	2
0011	3	3	3
0100	4	4	4
0101	5	5	5
0110	6	6	6
0111	7	7	7
1000	8	−8	−0
1001	9	−7	−1
1010	10	−6	−2
1011	11	−5	−3
1100	12	−4	−4
1101	13	−3	−5
1110	14	−2	−6
1111	15	−1	−7

●●● 연구 문제 3-X6 (1의 보수 표현)

b가 2진법 1자릿수(1비트)를 나타낼 때, 비트 반전 $\overline{b}$는

$$\overline{b} = 1 - b$$

라고 표현할 수 있다. 이것을

$$\overline{b} = (2 - 1) - b$$

로 보고, 비트 반전의 유사물을 만들어 보자. d가 10진법인 1자릿수(1디짓)를 나타낼 때, 디짓 반전 $\overline{d}$를

$$\overline{d} = (10 - 1) - d$$

로 정의한다. 이 디짓 반전에는 재미있는 성질이 있을지 자유롭게 생각해 보자.

보충 설명

디짓 반전은 이 책에서만 사용하는 용어이다. 일반적으로는

- $\overline{b}$는 b에 대한 '1의 보수' (비트 반전)
- $\overline{d}$는 d에 대한 '9의 보수'

라고 한다.

●●● 연구 문제 3-X7 (증명해 보지 않으면 그저 예상일 뿐이다)

제3장에서 유리와 '나'는 '증명해 보지 않으면 그저 예상일 뿐이다'라고 말하는데, 한 가지 예로 확인해보았을 뿐 증명을 하지는 않았다(p.172). 아래를 증명해 보자.

정수 n에 대해

$$n \ \& \ -n = \begin{cases} 0 & n = 0\text{일 때} \\ 2^m & n \neq 0\text{일 때} \end{cases}$$

가 성립된다. 여기에서 m은

$$n = 2^m \cdot \textbf{홀수}$$

를 충족하는 0 이상의 정수이다.

힌트: 제3장에서 '나'는 설명하기 위해 무한 비트 패턴을 썼는데, '정수 n과 −n을 표현하는 데 충분한 비트 폭'을 가진 유한 비트 패턴을 써서 증명해 보자.

제4장 플립 트립

●●● 연구 문제 4-X1 (그레이 코드)

4비트의 그레이 코드는 모두 몇 가지가 있을까?

●●● 연구 문제 4-X2 (룰러 함수의 확장)

제4장의 룰러 함수 $\rho(n)$은 양의 정수 $n = 1, 2, 3, \cdots$에 대해 정의되어 있다. 만약 일관성을 주면서

$$\rho(0)$$

을 정의한다면 어떻게 하면 좋을지 자유롭게 생각해 보자.

●●● 연구 문제 4-X3 (룰러 함수의 다른 버전)

제4장의 룰러 함수 $\rho(n)$은 2진법과 깊은 관련이 있다(p.209). 그렇다면 룰러 함수의 10진법 버전은 어떻게 정의될지 자유롭게 생각해 보자.

●●● 연구 문제 4-X4 (하노이의 탑)

하노이의 탑과 그레이 코드의 일종인 G_n과의 관계에 대해 생각해 보자.

p.217에서는 G_{n+1}을 G_n에 의해 구성하고, 점화식을 만들었다. 이와 마찬가지로 'n+1장의 하노이의 탑을 푸는 순서'를 'n장의 하노이의 탑을 푸는 순서'로 구성하여, 하노이의 탑을 푸는 순서의 점화식을 만들어 보자.

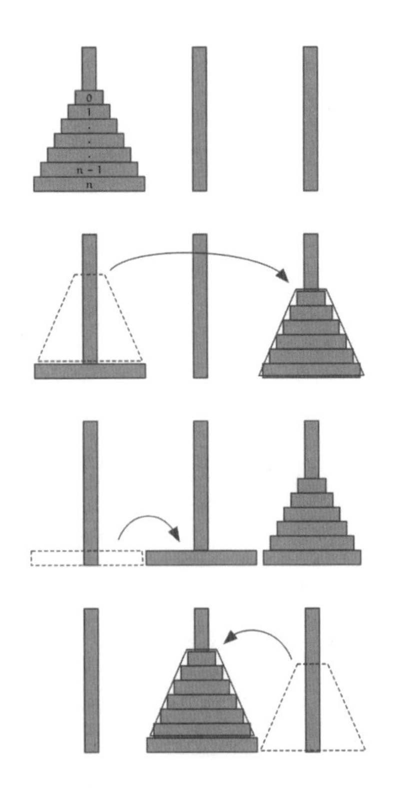

제5장 불 대수

●●● 연구 문제 5-X1 (불 대수)

원소가 2개뿐인 집합 $\{\alpha, \beta\}$에 기초해 불 대수를 구축해 보자.

●●● 연구 문제 5-X2 (픽셀과 불 대수)

흑백 픽셀 $16 \times 16 = 256$개를 시트라고 부르기로 한다. 백과 흑을 0과 1의 비트 패턴이라고 보고, 시트 전체의 집합에 대해 불 대수를 구축해 보자. 상계, 최대원, 보원 등의 개념이 픽셀의 어떤 개념을 나타내고 있는지 생각해 보자.

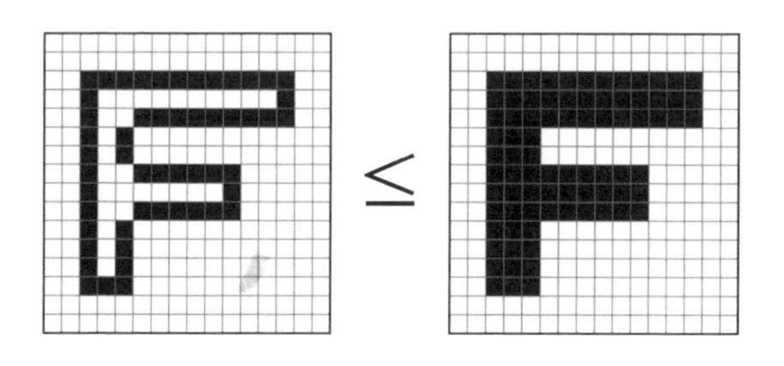

시트 전체의 집합에 다른 불 대수를 구축할 수는 있을까? 오른쪽 시프트를 이용한 순서관계를 넣을 수는 없을까? 그 밖에도 자유롭게 생각해 보자.

《수학 소녀의 비밀 노트-수학 천재 이진법》을 읽어주셔서 감사합니다.

이 책은 10진법과 2진법을 중심으로 한 위치적 기수법, 비트 패턴, 픽셀, 각종 비트 연산, 2의 보수 표현, 그레이 코드, 함수, 순서집합과 불 대수를 다루는 한 권이 되었습니다. 수학 소녀들과 함께 '0과 1의 나열'에 대해 즐거운 체험을 하셨는지 모르겠네요.

2진법은 0과 1 두 숫자를 여러 개 나열해서 수를 나타내는 기수법을 의미하고, '비트(bit)'는 2진법으로 수를 표기했을 때의 1자릿수를 의미합니다. 앞으로 여러분이 컴퓨터와 프로그래밍을 접할 때 여기저기서 2진법과 비트가 얼굴을 내밀게 될 겁니다.

이 책은 웹사이트 'cakes'의 연재 글 '수학 소녀의 비밀노트' 101회부터 110회까지의 내용을 책으로 재편집한 것입니다. 이 책을 읽고 '수학 소녀의 비밀노트' 시리즈에 흥미를 느꼈다면 다른 글도 읽어보길 바랍니다.

'수학 소녀의 비밀노트' 시리즈는 쉬운 수학을 소재로 중학생인 유리, 고등학생인 테트라, 리사, 미르카, 그리고 '나'가 즐거운 수학 토크를 펼쳐 나가는 이야기입니다.

동일한 등장인물들이 활약하는 다른 시리즈인 '수학 소녀'도 있습니다. 이것은 보다 폭넓은 수학에 도전하는 수학 청춘 스토리입니다. 부디 이 시리즈도 한번 읽어보시기 바랍니다. '수학 소녀의 비밀노트'와 '수학 소녀' 두 시리즈 모두 응원 부탁드립니다.

이 책은 LATEX2ε와 Euler 폰트(AMS Euler)를 사용해 조판했습니다. 조판에는 오쿠무라 하루히코 선생님의 《LATEX2ε 미문서 작성 입문》에 도움을 받았습니다. 감사의 말씀을 드립니다. 책에 실은 도표는 OmniGraffle Pro, TikZ, TEX2img, Fusion 360, Pixelmator Pro을 사용해서 작성했습니다. 감사합니다.

집필 도중 원고를 읽고 소중한 의견을 보내주신 분들과 익명의 여러 분께도 감사드립니다. 당연하지만 이 책에 오류가 있다면 모두 필자의 책임이며, 아래에 소개하는 분들께는 책임이 없습니다.

야스후쿠 토모아키, 아베 테츠조, 이가와 유스케, 이시이 하루카, 이시우 테쓰야, 이나바 카즈히로, 우에하라 류헤이, 우에마쓰 미사토, 오쿠보 카이소, 오오츠 유라, 오카우치 코우스케, 기무라 이와오, 고리 마유코, 다카하시 켄지, 도아루케미스토, 나카키치 미유, 니시오 유우키, 후지타 히로시, 후루야 에미, 본텐 유토리(메다카 컬리지), 마에하라 쇼에이, 마스다 나미, 마쓰모리 유키히로, 미카와 후미야, 무라이 켄, 모리키 다쓰야, 야마다 야스키, 요나이 타카시, 류 모리히로, 와타나베 케이.

'수학 소녀의 비밀노트'와 '수학 걸' 두 시리즈를 계속 편집해주고 계신 SB크리에이티브의 노자와 키미오 편집장님께 감사드립니다.

'cakes'의 가토 사다아키 님께도 감사드립니다.

집필을 응원해주신 모든 분들께도 감사드립니다.

세상에서 가장 사랑하는 아내와 두 아들에게도 감사 인사를 전합니다.

이 책을 끝까지 읽어주셔서 감사합니다.

그럼 다음 '수학 소녀의 비밀노트'에서 다시 만나요!

유키 히로시

www.hyuki.com/girl